中国海洋经济发展报告
2016

国家发展和改革委员会　国家海洋局　编

海洋出版社

2016年·北京

图书在版编目（CIP）数据

中国海洋经济发展报告 . 2016 /国家发展和改革委员会，国家海洋局编 .

—北京：海洋出版社，2016. 8

ISBN 978-7-5027-9576-4

Ⅰ.①中… Ⅱ.①国… ②国… Ⅲ.①海洋经济–经济发展–研究

报告–中国–2016 Ⅳ.①P74

中国版本图书馆 CIP 数据核字（2016）第 207290 号

责任编辑：高朝君　肖　炜

责任印制：赵麟苏

海洋出版社　出版发行

http：//www. oceanpress. com. cn

北京市海淀区大慧寺路 8 号　邮编：100081

北京朝阳印刷厂有限责任公司印刷　新华书店北京发行所经销

2016 年 9 月第 1 版　2016 年 9 月北京第 1 次印刷

开本：787mm×1092mm　1/16　印张：8. 25

字数：84 千字　定价：38. 00 元

发行部：010-62132549　邮购部：010-68038093

编辑室：010-62100038　总编室：010-62114335

海洋版图书印、装错误可随时退换

前　言

　　海洋是我国经济社会发展重要的战略空间，是孕育新产业和引领新增长的重要领域，在国家经济社会发展全局中的地位日益突出。海洋经济作为国民经济的重要组成部分和新的增长点，在拓展发展空间、增强动力转换和保持经济持续稳定增长中发挥着重要的作用。党中央、国务院高度重视海洋经济发展，党的十八大做出了建设海洋强国的重大战略部署。《中华人民共和国国民经济和社会发展第十三个五年规划纲要》专章部署"拓展蓝色经济空间"。习近平总书记在中共中央政治局第八次集体学习时指出，要提高海洋开发能力，扩大海洋开发领域，让海洋经济成为新的增长点。李克强总理在政府工作报告中提出要坚持陆海统筹，全面实施海洋战略，发展海洋经济。拓展蓝色经济空间、壮大海洋经济，对全面建成小康社会，实现中华民族伟大复兴的战略目标，具有重大意义。

　　2015 年是"十二五"收官之年，也是全面深化改革的关键之年。各涉海部门和沿海地方贯彻落实党中央、国务院建设海洋强国、发展海洋经济的战略部署，全面推进《全国海洋经济发展"十二五"规划》实施，海洋经济总体保持了平稳发展态势。

按照国务院印发的《全国海洋经济发展"十二五"规划》有关要求，国家发展和改革委员会、国家海洋局共同编写了《中国海洋经济发展报告 2016》（以下简称《报告》）。《报告》全面总结了 2015 年我国海洋经济发展的总体情况，重点阐述了 2015 年我国海洋经济发展的新亮点，提出 2016 年海洋经济发展重点和方向，对我国海洋经济发展趋势进行了展望。同时《报告》还对 5 个全国海洋经济发展试点地区"十二五"时期的发展情况和"十三五"时期发展思路进行了阐述，对其他 6 个非试点省市海洋经济运行情况进行了总结。

本报告由国家发展改革委地区经济司、国家海洋局战略规划与经济司联合编写，编写过程中得到了有关部门、沿海省（区、市）发展改革和海洋部门的大力支持，在此表示感谢。

编者

2016 年 9 月

目　录

第一篇　总　论

第二篇　全国海洋经济发展试点地区发展情况

第三篇 其他沿海地区海洋经济发展情况

第一篇 总 论

第一章　2015 年我国海洋经济发展情况

第一节　总体情况

2015 年，面对复杂的国内外经济环境，在经济总体下行压力加大的情况下，我国海洋经济运行总体平稳。初步核算，2015 年我国海洋生产总值 64 669 亿元，占国内生产总值的 9.4%，与上年基本持平，同比增长 7.0%，保持略高于同期国民经济增速的发展态势，但较往年继续呈现放缓态势。

从海洋三次产业结构看，海洋产业结构调整步伐持续加快，部分产业加快淘汰落后产能，高技术产业化进程加速，结构进一步优化，海洋第一产业、第二产业、第三产业增加值占海洋生产总值比重分别为 5.1%、42.5%、52.4%。其中海洋第一产业比重与上年同期相比基本持平，海洋第二产业受国内制造业整体下行影响和上下游产业牵动，比重与上年同期相比下降 1.4 个百分点，海洋第三产业受益于旅游市场旺盛、新兴服务业市场需求增加等因素带动，比重比上年同期提高 1.4 个百分点。

从区域发展看，2015 年，我国沿海地区的北部、东部、南部三大海洋经济区海洋生产总值分别达到 23 437 亿元、18 439 亿元、22 793 亿元，占全国海洋生产总值的比重分别为 36.2%、28.5%、35.2%。

表 1　全国海洋生产总值、增速及比重

指标	2011 年	2012 年	2013 年	2014 年	2015 年
海洋生产总值（亿元）	45 580	50 173	54 718	60 699	64 669
海洋第一产业增加值（亿元）	2 382	2 671	3 038	3 109	3 292
海洋第二产业增加值（亿元）	21 667	23 450	24 609	26 660	27 492
海洋第三产业增加值（亿元）	21 531	24 052	27 072	30 930	33 885
海洋生产总值增速（%）	10.0	8.1	7.8	7.9	7.0
海洋生产总值占国内生产总值比重（%）	9.3	9.3	9.2	9.4	9.4

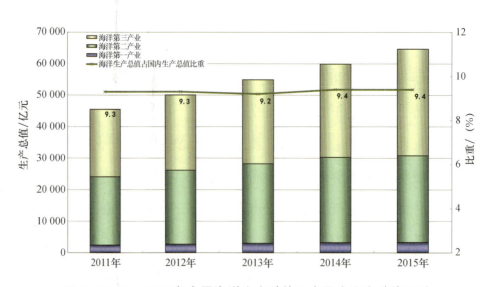

图 1　2011—2015 年全国海洋生产总值及占国内生产总值比重

表2 三大海洋经济区海洋生产总值（亿元）及增速

	北部海洋经济区	东部海洋经济区	南部海洋经济区
2011 年	16 454	14 254	14 872
2012 年	18 051	15 464	16 657
2013 年	20 710	15 579	18 430
2014 年	22 289	17 277	21 133
2015 年	23 437	18 439	22 793
"十二五"期间海洋生产总值年均增速（现价）	10.9%	8.1%	11.6%

第二节 主要海洋产业发展情况

2015 年，主要海洋产业总体呈现平稳发展态势。海洋传统产业加快转型升级步伐，海洋新兴产业发展迅速，海洋服务业继续发挥产业优势，带动区域经济发展和就业，有效促进沿海地区产业升级转型和发展方式转变。

表3 2015 年主要海洋产业增加值及增速

海洋产业	增加值（亿元）	可比增速（%）
海洋渔业	4 352	2.8
海洋油气业	939	−2.0
海洋矿业	67	15.6
海洋盐业	69	3.1
海洋化工业	985	14.8
海洋生物医药业	302	16.3
海洋电力业	116	9.1
海水利用业	14	7.8
海洋船舶工业	1 441	3.4
海洋工程建筑业	2 092	15.4
海洋交通运输业	5 541	5.6
海洋旅游业	10 874	11.4

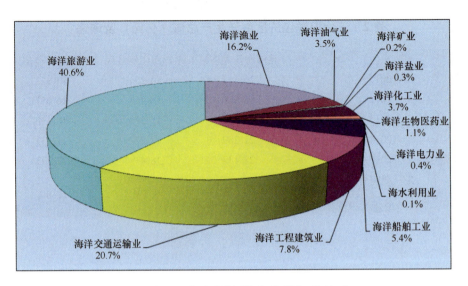

图2　2015年主要海洋产业增加值构成

1. 海洋渔业

　　2015 年，海洋渔业生产稳定，转型升级加速。全年实现增加值 4 352 亿元，比上年增长 2.75%。近海捕捞保持稳定，财政部、农业部联合发布国内渔业捕捞和养殖业油价补贴政策调整措施，推动渔民转产转业、渔船更新改造。海水养殖业稳步增长，增殖渔业蓬勃发展，"海上粮仓" 建设势头正旺，首批 20 个国家级海洋牧场示范区获批。远洋渔业产量持续增长，2015 年达到 219.2 万吨，同比增长 8.1%，亚洲最大的拖网加工渔船已赴南极公海海域开展磷虾捕捞。在推进 "一带一路" 建设战略引领下，中国—东盟海产品交易所正式对外公开挂牌交易。

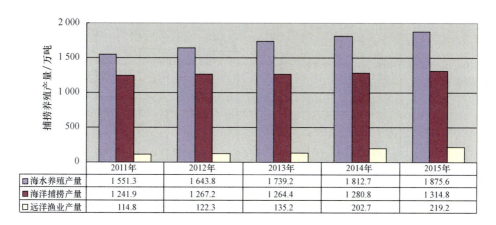

图3 2011—2015年海洋捕捞养殖产量

	2011年	2012年	2013年	2014年	2015年
海水养殖产量	1 551.3	1 643.8	1 739.2	1 812.7	1 875.6
海洋捕捞产量	1 241.9	1 267.2	1 264.4	1 280.8	1 314.8
远洋渔业产量	114.8	122.3	135.2	202.7	219.2

2. 海洋油气业

2015年，海洋油气产量总体上保持稳步增长，海洋原油产量5 416万吨，同比增长17.4%；天然气产量136亿立方米，同比增长3.9%。但受国际原油价格持续大跌影响，我国海洋油气业依然延续上年"量增值减"特征，全年实现增加值939亿元，比上年减少2.0%，在全球油气产业步入景气周期低谷之际，2015年我国海洋油气业的亮点仍可圈可点。中国海洋石油总公司（简称"中海油"）在南海西部油田完成探井30口，新增油气地质储量仅次于2014年，创造了历史上第二个年储量发现高峰；在深水区再获陵水25-1、流花20-2两个新发现。同时，以"兴旺号"为代表的我国深水钻井平台建设及应用取得重大进展，对我国海洋油气业的长期持续发展起到支撑作用。

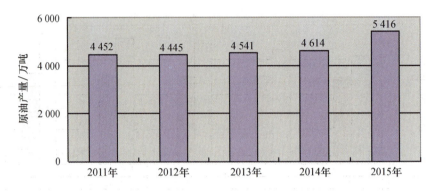

图4 2011—2015 年全国海洋原油产量

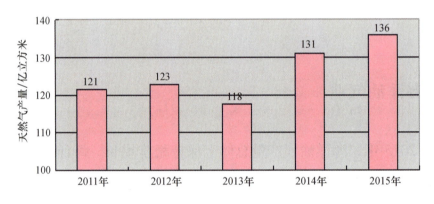

图5 2011—2015 年全国海洋天然气产量

图6 2011—2015 年海洋原油产量占全国原油产量比重

3. 海洋船舶工业

2015 年，海洋船舶工业克服了航运市场持续萧条、国际船市低位震荡、全球造船产能严重过剩等困难，实现平稳增长，产业增加值达到 1 441 亿元，比 2014 年增长了 3.4%。世界造船大国地位继续巩固，造船三大指标继续保持领先。但受国际金融危机深层次影响，接单难、交船难、盈利难、融资难等问题依然存在，经济效益出现明显下滑，新接订单和手持订单量大幅下降，生产经营面临形势更加严峻。在市场倒逼和政策驱动下，船舶行业加快调整转型的需求更加迫切，骨干造船企业主动适应国际船舶技术和产品发展新趋势，大力发展技术含量高、市场潜力大的绿色环保船舶、专用特种船舶、高技术船舶，沿海各地、各船舶集团积极开展造船产能清理工作，化解产能近千万吨。

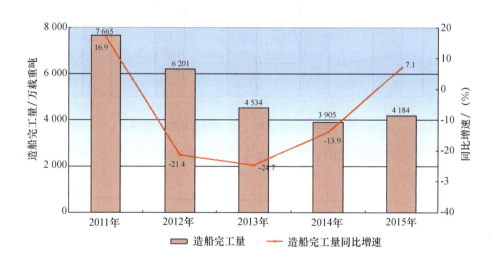

图 7　2011—2015 年造船完工量及同比增速

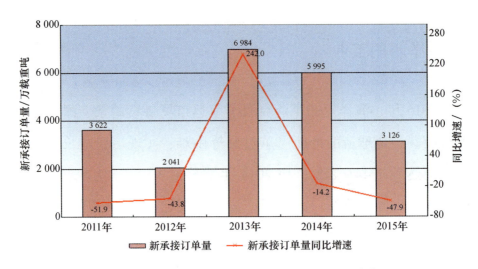

图 8　2011—2015 年新承接订单量及同比增速

图 9　2011—2015 年手持订单量及同比增速

4. 海洋工程装备制造业

2015 年，海洋工程（简称"海工"）装备制造业产能结构性过剩形成倒逼，产业转型迈向深水化、高端化。全球油价下跌、海洋勘探开发需求减少导致海工装备生产大幅降低，我国新接订单占全球市场份额 30.9%，金额同比下降 75.5%，占国际市场份额 34.7%。2015 年，国家相关部门实施了一系列政策支持海工装备产业，通过规划指导、政策调节、技术规范等，加快了海工装备产业结构调整升级，并积极引导金融与海工装备产业的融合，解决融资问题。2015 年，中集来福士高动力定位性能深水半潜式生活平台开工；亚洲第一座海上升压站建设完成；中海油攻克旋转导向系统、随钻测井系统等多项自主研发技术，打破国际垄断；海工装备制造业正积极向高端化、深水化和高技术领域推进。

5. 海洋生物医药业

随着全球范围内生物技术和产业的加快发展，国家加大了对战略性新兴产业的重视和扶持力度，颁布实施了多项发展规划和鼓励政策，引导和扶持生物医药业发展。2015 年，海洋生物医药业发展迅猛，全年实现增加值 302 亿元，比上年增长 16.3%，领衔各海洋战略性新兴产业并成为突出亮点。各沿海地区也加紧部署，通过举办产业峰会、组建产业技术联盟、搭建企业重点实验室、制定专项发展规划等多种方式，加快海洋药源生物的开发和产业化应用。2015 年，青岛高新区崛起百亿元蓝色生物医药高地，开创海洋生物医药产业技术创新战略联盟；第二届福建海洋生物医药产业峰会聚焦创新与转化，吸引项目投资 54 亿元；天津市印发实施《天津市海洋生物医药产业发展专项规划（2015—2020 年）》；广西壮族自治区教育厅与钦州市共建海洋中药实验室等。

6. 海洋电力业

2015 年，海洋电力业政策环境持续改善，海上风电建设稳步推进。全年实现增加值 116 亿元，比上年增长 9.1%，江苏如东海上风电场、山东北海近海风电项目成功并网运行，江苏蒋家沙和东台四期、天津南港海上风电项目相继开工建设。2015 年中国海上风电新增装机 100 台，容量达到 360.5 兆瓦，同比增长 58.4%。其中，潮间带装机 58 台，容量 181.5 兆瓦，占海上风电新增装机总量的 50.35%；其余部分为近海项目，装机 42 台，容量 179 兆瓦。国家和沿海地方政府关于海上风电的多项政策相继出台，海洋电力业发展环境持续趋好。

7. 海水利用业

2015 年，海水利用业进入稳步发展阶段，各项政策规划、标准规范逐步细化完善，产学研融合进一步强化，技术创新实现新的突破，全年实现增加值 14 亿元，比上年增长 7.8%。项目建设方面，永兴岛 1 000 吨海水淡化设备基本完工，日产 1.2 万吨的国华舟山电厂海水淡化工程顺利投产，宝钢湛江钢铁基地海水淡化项目 1 号机正式竣工投运，海水淡化规模 1.5 万吨/日。技术创新方面，国内首套柴油机废热海水淡化系统成功运行，技术达到世界先进水平。

8. 海洋交通运输业

2015年，我国海洋交通运输行业运行稳中趋缓，实现增加值5 541亿元，比上年增长5.6%。沿海港口生产总体仍保持增长态势，但增幅放缓，明显低于预期。沿海港口完成货物吞吐量、外贸货物吞吐量以及集装箱吞吐量分别为81.5亿吨、33.0亿吨、1.89亿标准箱，增幅分别较上年下滑4.7、5.9和3.2个百分点。"十二五"以来，沿海港口码头建设逐年放缓，2015年港口码头建设完成投资910.63亿元，同比下降4.3%，沿海港口新建及改（扩）建码头泊位130个，新增吞吐能力42 026万吨，其中万吨级及以上泊位新增吞吐能力30 381万吨。航运方面，沿海干散货货运量首现下滑，船队规模削减乏力，运力过剩情况加重。

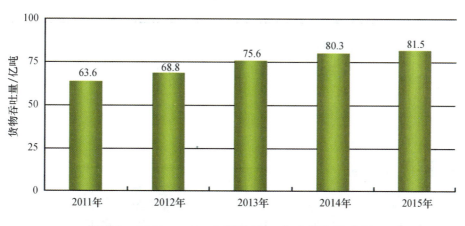

图10 2011—2015年沿海港口完成货物吞吐量

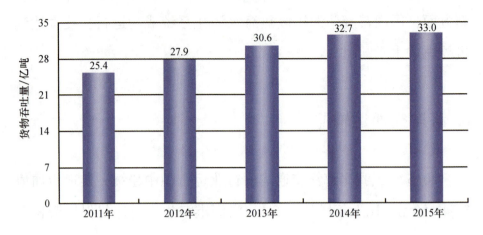

图 11　2011—2015 年沿海港口完成外贸货物吞吐量

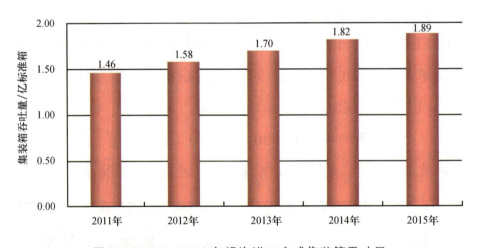

图 12　2011—2015 年沿海港口完成集装箱吞吐量

9. 海洋旅游业

2015 年，在各项政策措施的激励下，以及随着国民生活水平的不断提高和旅游产业发展的不断完善，海洋旅游业全年实现增加值 10 874 亿元，比上年增长 11.4%，成为带动海洋经济发展的重要增长点。特色滨海城市旅游目的地发展进一步连片化、深入化、精细化，基于本土文化特色的海洋旅游目的地已显现雏形。海岛旅游渐成热点，涌现出一批知名度高、配套设施齐全、具备上升空间的热点旅游海岛。同时，邮轮旅游发展持续走热，邮轮旅游市场规模日益扩大。2015 年，全国共接待邮轮 629 艘次，同比增长 35%，邮轮游客出入境 248 万人次，同比增长 44%，中国船舶工业集团、中国交通建设集团、中国港中旅集团等中资集团纷纷涉足邮轮产业。

第三节 存在问题

1. 部分行业产能结构性过剩，缺乏核心技术支撑

当前部分海洋产业出现结构性过剩的局面，表现最为明显的是船舶和海洋工程装备制造业。虽然我国船舶三大指标始终位居全球首位，但在全球航运市场萧条的大环境下，新接订单量大幅下跌，产能过剩严重。然而，造船业产能过剩主要表现为常规船舶建造能力的结构性过剩，并非高技术复杂船型建造能力过剩。另外，近两年国内一些船舶企业为缓解产能过剩，纷纷转战海工装备，将其作为拯救企业的"新出路"，但大多企业研发设计和创新能力弱，核心技术依赖国外，核心设备和系统主要依赖进口，转型方向主要集中在海工低端领域，需要警

惕海工装备制造业的结构性产能过剩。

2. 新兴技术产业转化率低下，新兴产业或业态发展的新动力和培育机制尚未成型

以海水利用业、海洋生物医药业和海洋可再生能源利用业为代表的海洋战略性新兴产业虽发展速度较快，但规模一直未能实现质的飞跃。究其原因，则在于鼓励和促进这类新兴技术产业化的体制安排或制度设计缺失，导致技术创新无法转化为有效生产力。以海水利用业中的海水淡化产业为例：经过多年发展，我国海水淡化技术在应用上已成熟完备，淡化成本逐步下降，对有效解决我国水资源短缺大有裨益且切实可行。然而，海水淡化业的发展难以达到国家规划预期，核心问题在于海水淡化业仍在市场化运作下发展，与国家政策扶持的水利和市政事业发展相比，从生产成本、入网价格到管网建设，均无竞争优势，导致现有不多的生产能力长期闲置。如目前天津已建成投产的 6 家海水淡化厂均存在大面积停工现象，曹妃甸海水淡化样板工程也面临淡化海水卖不出去的困境。

3. 重化工密集布局滨海地区，加剧海洋资源环境压力和安全隐患

当前，沿海重化工布局已经存在诸多"硬伤"，布局混乱，遍地开花，缺少统一管制。这种沿着海岸线密集分散式的重化工

布局方式，与国际上对重化工普遍实行的"集中布局、集中治理"原则背道而驰。重化工在滨海地区的密集分布，一方面对海洋资源和生态环境造成破坏，陆源入海污染物居高不下，2015年陆源入海排污口达标排放率仍然较低，88%的排污口邻近海域水质不能满足所在海洋功能区环境质量要求。另一方面，很多重化工项目临近居民区，加大了安全生产隐患，2015年"8·12"天津港爆炸事件、福建漳州古雷石化（PX项目）厂区爆燃事件再次为我们敲响了警钟。

第二章 2015 年我国海洋经济发展亮点

第一节 海洋经济宏观指导与调节能力进一步增强

1. 海洋经济规划指导和政策调节不断加强

2015 年，国务院发布《全国海洋主体功能区规划》，推进形成海洋主体功能区布局，科学谋划海洋开发，提高海洋空间利用效率，提升海洋经济可持续发展能力。国务院先后出台《中国制造 2025》和《关于推进国际产能和装备制造合作的指导意见》，把海洋工程装备和高技术船舶作为十大重点发展领域之一。交通运输部印发了《关于加快现代航运服务业发展的意见》以及《全国沿海邮轮港口布局规划方案》，促进海洋交通运输业发展。各涉海部门及沿海地方也出台了一系列政策措施引导海洋渔业、海洋生物医药业等海洋产业发展，提升"蓝色经济"的发展动力。

2. 加强协作促进海洋经济发展

工业和信息化部、国家海洋局就《促进海洋经济发展的战略合作协议》达成共识，双方拟围绕海洋工程装备、海洋矿产资源开发、海水综合利用、海洋可再生能源开发、海洋生物医药、海洋信息化等领域在资源配置、政策制定和行业管理方面开展紧密合作，促进海洋经济管理与产业的行业管理融合发展。此外，国家海洋局与江苏、上海、广西、海南签署合作协议，共同推进地方海洋强省强市建设。

3. 全国海洋经济调查工作扎实推进

2015 年，国家海洋局组织编制了《第一次全国海洋经济调查经费管理办法》和《第一次全国海洋经济调查涉海单位清查技术规范》《第一次全国海洋经济调查海洋及相关产业调查技术规范》等 11 项配套技术规范，在河北石家庄栾城区、江苏南通如皋市、广西北海铁山港区三地分别开展试点工作，形成了涉海单位名录、数据集、报告等系列成果，为全面摸清海洋经济"家底"，实现海洋经济基础数据在全区域、全行业的一致性奠定了基础，为国家实施更为精准的海洋经济政策调节提供了保障。

第二节　金融支持海洋经济发展力度提升

1. 引导信贷资金支持海洋经济发展

2015 年，国家海洋局与国家开发银行继续推进《关于开展开发性金融促进海洋经济发展试点工作的实施意见》的贯彻落实，在合作机制、项目推进等方面取得初步成效，已组织开展了第一批项目征集、申报工作，并推动开展项目库建设工作。同时，沿海地方机构与商业银行开展密切合作，2015 年 4 月，江苏省海洋与渔业局与中国农行江苏分行签订《全面战略合作框架协议》，江苏农行将在未来三年提供 150 亿元意向性授信额度，支持江苏海洋经济发展。9 月，福建省远洋渔业发展促进会与福建海峡银行签订"远洋渔业综合授信合作协议"，为远洋渔业企业提供 50 亿元总授信额度。

2. 海洋领域专业性金融机构成立发展

2015 年，一批专注于海洋领域的产业投资基金、保险公司、银行分支机构或部门相继成立并发展，其中 2014 年年底获批开业的首家以海洋保险为业务特色的保险公司——华海财产保险股份有限公司，2015 年提供海洋保险风险保障近 300 亿元；9 月，福建成立国内首支远洋渔业发展基金；8 月和 9 月，浦发银行分别在青岛和舟山设立蓝色经济金融中心和海洋经济金融服务中心；11 月，中国海洋发展基金会召开第一次理事会会议。这些金融机构的成立与发展，为海洋经济搭建金融服务平台、创新海洋金融业务、提升各地海洋经济发展活力都起到积极的促进作用。

3. 沿海地方探索海洋领域金融创新模式

沿海地方政府不断探索风险补偿、产业引导基金等财政资金引导金融支持海洋经济发展的体制机制。2015 年，福建继续运行现代蓝色产业创投基金，并持续推进现代海洋中小企业助保金贷款业务；12 月，青岛市海洋与渔业局参与发起成立青岛市现代农业产业发展引导基金，支持"蓝色粮仓"建设。此外，海域使用权抵押、在建船舶抵押、存货仓单质押等融资方式也不断涌现。

第三节　海洋经济对外合作进一步深化

2015 年，与"21 世纪海上丝绸之路"沿线国家合作不断深化落实，取得了斯里兰卡科伦坡港口城建设项目，援建巴基斯坦的瓜达尔港正式开港。同时，中国政府分别与巴基斯坦、印度签署部门间海洋合作协议；中国电力建设集团有限公司与荷兰辉固集团合作布局海上风电，在海上风电和水利水电领域开展勘察、设计、咨询、施工、EPC、运行维护等方面的合作；国家海洋局天津海水淡化与综合利用研究所与印度尼西亚有关方面合作开展"适用于热带海岛海水淡化技术与示范"项目。2015 年 6 月 29 日，《亚洲基础设施投资银行协定》正式签署，为我国海洋经济走出去提供了新的资金渠道。

第四节　海洋资源市场化改革取得新进展

海洋资源市场化进程不断加快，各类海洋资源的市场化配置逐步优化。各沿海地方政府着力推动建立海域、海岛等海洋资源的产权交易制度，为海洋经济发展提供了良好的制度和政策环境。至 2015 年，山东、上海、浙江、河北、广东、广西、福建、海南等沿海地方纷纷出台政策支持招拍挂出让海域使用权。2015 年，青岛、烟台先后成立海洋产权交易中心，提供海域和海岛使用权、海洋矿产资源开发权、海洋排污权、海洋知识产权、涉海企业产权交易中介服务与咨询，全国海域使用权网上"第一拍"在青岛国际海洋产权交易中心"落锤"成交。

第五节　海洋科技创新迈上新台阶

"深海关键技术与装备"和"海洋环境安全保障"成为国家创新科技管理体制后首批获准立项的重点专项。深海潜水器谱系化研究取得重要进展，4 500 米载人潜水器球舱壳完成赤道焊接和压力测试，"海牛号"海底多用途钻机在南海完成 3 109 米海试，我国自主研发"潜龙二号"潜水器在西南印度洋完成海试及试验性应用，完成"海洋一号"C/D 卫星和"海洋二号"B/C 卫星等 4 颗业务卫星及配套地面系统建设项目可行性论证，完成新一代海洋水色卫星和海洋盐度探测卫星 2 颗科研卫星预研。继续开展海洋经济创新发展区域示范工作，有力推进国家海洋高技术产业基地和国家科技兴海产业示范基地的建设。推进建造 4 500 吨级海洋综合科考船"向阳红 01"和"向阳红 03"船。组织开展海水淡化水纳入水资源配置及试点研究。推进威海浅海等海洋能试验场、海洋能支撑平台建设，新增投资 1 亿元开展海洋可再生能源示范。在海洋领域发布了 10 项国家标准和 16 项行业标准，组织新建 6 项计量标准。海洋科学技术与能力的提升加速了海洋经济转型升级。

第六节　海洋环境保护和生态文明建设加快推进

2015 年 6 月，国家海洋局印发《海洋生态文明建设实施方案》，推进基于生态系统的海洋综合管理，继续推动海洋生态文明建设示范区建设，截至 2015 年已先后批复 24 个国家级海洋生态文明建设示范区。海洋生态红线制度实施范围逐步扩大，渤海率先建立生态红线制度，在此基础上，江苏、福建、广西、海南也基本完成红线划定工作，渤海先行、全国推开的格局已经形成。

国家海洋局以莱州湾为案例落实海洋环境质量通报制度，完成 20 个县级单元的资源环境承载能力监测预警试点，并印发《关于推进海洋生态环境监测网络建设的意见》。截至 2015 年共选划 14 个国家级海洋自然保护区、54 个国家海洋特别保护区（含 33 个国家级海洋公园）、51 个海洋型国家级水产种质资源保护区。与此同时，沿海地区海洋生态修复不断推进，取得显著成效。随着海洋生态环境保护力度的加大，海洋经济布局得到进一步优化，有力促进了海洋经济的可持续发展。

第三章　2016 年海洋经济发展重点和方向

2016 年是"十三五"开局之年，也是推进结构性改革的攻坚之年。海洋经济工作要继续深入贯彻党的十八大和十八届三中、四中、五中全会精神，按照中央经济工作会议的部署，以创新、协调、绿色、开放、共享五大发展理念为指导，坚持稳增长、促改革、调结构、惠民生的政策取向，进一步提升海洋经济运行监测与评估能力，丰富海洋经济的政策工具箱，推进海洋经济的供给侧改革，加快海洋经济发展方式转变，为海洋强国建设夯实基础。

第一节　加强海洋经济宏观指导与调控

1. 编制海洋经济发展规划

完成"十二五"海洋经济相关规划评估，研究编制全国和沿海各省市的海洋经济发展"十三五"规划，做好与各级各类规划的衔接，明确分工和工作进度安排，加强规划措施的落实。

2. 推进海洋经济发展试点工作

深入总结全国海洋经济发展试点工作中可复制、可推广的经验，推动出台促进海洋经济发展的政策措施。选择有代表性的区域建设海洋经济发展示范区，明确试点任务，研究编制试点工作绩效考评指标体系，推动海洋经济强市、强县建设。

3. 推动国家特色海洋产业园区建设

改造和升级现有涉海园区，统筹推进国家特色海洋产业园区建设，推动园区内产业链、创新链和资金链的有效融合，促进海洋产业集聚发展。制定国家特色海洋产业园区管理制度，发布园区申报指南。

第二节　提升海洋产业创新驱动能力

1. 加强对海洋战略性新兴产业的培育

研究编制海洋领域"十三五"科技创新规划、《全国科技兴海规划（2016—2020 年）》《全国海水利用"十三五"规划》《海洋可再生能源发展"十三五"规划》，推进海水、海洋能、海洋生物等海洋新兴产业的标准制定和修订工作。深化海水利用关键技术与装备的研发，促进海洋可再生能源的开发利用和产业化。引领带动海洋新兴产业逐步成为先导性产业，推动海洋经济提质增效、转型升级、绿色循环和可持续发展。

2. 加快海洋产业技术创新平台建设

加强技术研发、成果转化、产业化、市场需求等产业价值链的协调联动，发挥创新要素向区域特色产业聚集的优势，建立一批公共服务平台、产品育成中心和产学研基地。加快科技成果孵化和产业化，培育一批海洋创新型企业，引导风险资本支持高成长性企业发展。通过建设海洋科技展示交流平台，促进海洋科技成果转化。

3. 建立健全海洋产权交易与保护机制

加快推动区域性海洋产权交易中心建设，推动海洋领域知识产权的交易和成果转化。支持知识产权等智力资产评估机构、海洋新兴产业投资服务机构和中小企业担保中心等海洋科技中介服务的建设。

第三节　加大金融对海洋经济的支持力度

1. 做好金融促进海洋经济发展的政策协调

深化与金融、投资、财政等部门的合作，利用开发性金融、商业贷款、海洋产业基金、涉海融资担保、融资租赁和海洋保险等多元资本和创新手段，促进海洋经济的发展。针对银行业支持海洋经济发展中遇到的特殊问题，加强部门间协调配合，积极解决。

2. 推进银行业促进海洋经济发展

推进商业银行和政策性银行与海洋部门建立长期的战略合作关系。支持地方设立海洋特色金融机构。国家海洋局与国家开发银行继续落实好战略合作协议和《关于开展开发性金融促进海洋经济发展试点工作的实施意见》，完善合作机制，做好规划对接、项目评审和推荐工作。总结开发性金融促进海洋经济发展试点工作，研究编制"十三五"开发性金融促进海洋经济发展的实施意见，完善《海洋产业投融资目录（开发性金融类）》《项目申报指南》等相关配套制度，研究支持开发性金融海洋特色分支机构建设。

3. 加大对涉海中小、科技类企业的支持

联合证券交易所开展海洋经济与多层次资本市场协调发展的相关研究，推动海洋中小企业与多层次资本市场对接。引导各类金融机构按照风险可控、商业可持续原则加大对涉海中小、科技企业发展的支持力度。

4. 推动海洋产业投融资公共服务平台建设

逐步构建政府、企业、银行、保险、担保等多方参与的信息服务平台，推动各类金融机构与涉海企业的信息对接，提升金融服务能力。

第四节 推进海洋经济调查与省级监测评估系统建设

1. 全面开展全国海洋经济调查

做好涉海单位清查、产业调查和专题调查，摸清沿海地区的海洋经济发展规模、海洋产业结构和布局、海洋防灾减灾、海洋环境污染与治理等海洋开发保护基本情况，做好质量控制和监督

检查。搭建海洋经济调查数据采集处理系统、涉海单位清查系统、调查数据管理系统、调查成果展示系统和外网发布系统的海洋经济基础信息平台，发布调查数据和有关成果。

2. 推进省级海洋经济运行监测与评估系统业务化试运行

加快推进省级海洋经济运行监测与评估系统建设和节点布设，完善数据获取、处理和分析评估等功能，研究编制海洋经济主要指标、指数和报告，增强信息服务和辅助决策能力。完成山东、上海等9省市省级海洋经济运行监测与评估系统的业务验收工作，推动辽宁、河北等7省市做好后续建设工作和业务化试运行。初步搭建国家、海区、省、市、县五级联动的海洋经济监测评估体系。

第五节　强化海洋综合管理对海洋经济的服务与调节

1. 加强海洋环境保护与防灾减灾服务

建立健全海洋生态红线等生态文明建设制度，发挥海洋环境保护对海洋经济发展的约束作用，深入推进国家级海洋生态文明示范区建设。强化海洋工程建设项目环境影响评估工作。提高海洋预报减灾公共服务水平，加强海堤建设，增强沿海地区防灾减灾能力。推进沿海市县海洋灾害风险评估和区划、重点防御区划定和管理、海洋减灾综合示范区建设、大型工程风险排查、区域海洋减灾能力综合评估试点等工作，完善海洋灾害现场调查和评估机制。

2. 推进海域海岛管理制度改革与体系建设

积极推进海域使用权和无居民海岛等资源要素的市场化配置。健全海域价值评估管理制度，推进海域价值评估市场化发展，健全海域有偿使用制度，会同财政部制定海域使用金征收标准调整方案，建立海域使用金征收标准动态调整机制。加强海域使用论证管理，提高海域使用论证工作质量。加强无居民海岛开发利用管理制度体系建设，研究建立无居民海岛使用权市场化出让制度，开展无居民海岛使用权价值评估研究，建立无居民海岛使用金征收标准动态调整机制，研究无居民海岛开发利用扶植模式，为海洋经济发展提供空间保障。促进海岛基础设施建设，扶持海岛旅游产业，推动海岛经济可持续发展。

3. 积极开展海洋经济领域对外合作项目

深入推进"21世纪海上丝绸之路"建设，推动实施中国—东盟海上合作基金项目，为东盟国家海洋经济发展提供支持。加快推动东亚海洋合作平台和中国—东盟海洋合作中心建设。落实与印度尼西亚、斯里兰卡、南非的双边协议中"海洋经济"合作事项。与美国、韩国等国共同主办蓝色经济相关会议，召开第四届亚太经济合作组织（APEC）蓝色经济论坛，推进蓝色经济示范项目。联合有关国家推动海洋经济统计指标体系和海洋产业分类等国际标准草案的研究工作。

随着海洋经济在国民经济社会的地位越来越显著，对支撑东部地区率先发展的引领作用越来越明显，特别是随着"海洋强国"建设和"21世纪海上丝绸之路"战略的实施，海洋经济发展前景仍然广阔。预计"十三五"期间，海洋经济将继续保持平稳增长态势，必须主动适应和引领新常态，牢固树立并贯彻落实创新、协调、绿色、开放、共享五大发展理念，统筹国内国外两个大局，按照"五位一体"总体布局和"四个全面"战略布局，坚持稳增长、调结构、惠民生、防风险，积极推进供给侧结构性改革，改造提升海洋传统产业，加快海洋战略性新兴产业和海洋服务业发展，更加注重提高海洋经济发展质量和效益，促进海洋经济持续健康发展。

第二篇　全国海洋经济发展试点地区发展情况

第一章 山东半岛蓝色经济区

2010 年 4 月，国务院批准同意把山东作为全国海洋经济发展试点地区之一，2011 年国务院批复《山东半岛蓝色经济区发展规划》（以下简称《规划》），为山东海洋经济发展带来重大历史机遇。山东省委、省政府认真贯彻落实国家要求，坚持"面上推开、点上突破、融合互动"的工作思路，不断完善政策措施，突出工作重点，狠抓任务落实，全力推进规划确定的各项目标任务，全省海洋经济保持了健康快速发展的良好势头，开创了山东半岛蓝色经济区又好又快发展新局面。

第一节 "十二五"期间山东半岛蓝色经济区建设情况

（1）加强组织协调，建立健全强有力的推进机制。为保证《规划》高效实施，山东省、市、县均成立了由党委、政府主要负责同志任组长的推进工作领导机构，省委、省政府聘请专家成立了蓝色经济区建设专家咨询委员会。山东省先后编制了山东半岛蓝色经济区 26 个专项规划和“四区三园”等 9 个重点区域规划，建立了以国家规划为纲领，以专项规划和重点区域规划为支撑，以市县规划为基础的规划体系。制定了贯彻落实《山东半岛蓝色经济区发展规划》的实施意见、金融支持蓝色经济区建设等 10 多个配套文件。省政府建立了重点工作协调推进制度，设立了 11 个协调推进组。制定了山东半岛蓝色经济区建设考核办法，加大了对海洋经济发展指标的考核权重，扎实开展年度考核工作。

（2）促进产业转型升级，构建更具竞争力的现代海洋产业体系。“十二五”期间，山东省海洋经济总体实力显著提升，海洋生产总值年均增速 11.4%（现价），高于地区生产总值年均现价增速 1.4 个百分点，海洋生产总值占地区生产总值比重始终保持在 18% 左右。海洋产业结构进一步优化，由 2010 年的 6.2∶50.1∶43.7 调整为 2015 年的 6.8∶44.5∶48.7。为构建更具竞争力的现代海洋产业体系，山东省出台了海洋产业发展指导目录，进一步明确了产业发展方向。组建了蓝色经济区六大海洋产业联盟，重点培育海洋高端特色产业链条，壮大海洋优势产业集群。目前，蓝色经济区海洋生物、海洋装备、海洋化工、海洋动力装备、海洋水产品精深加工、海洋食品六大产业联盟，聚集骨干企业 500 余家，拥有上下游配套企业超过 1 000 家，打造了海洋企业“抱团、聚力”发展的新模式。其中，海洋装备产业联盟集聚中集来福士、杰瑞集团等规模以上海工装备企业 50 多家，配套企业 200 多家，实现了研发、总装、配套一体的链条化发展，手握外国订单超过 100 亿美元。

（3）聚焦重点园区建设，搭建蓝色经济区跨越发展的新载体。加强规划引导、政策支持和设施配套，加大对海洋特色产业园在用地用海、信贷、资金等方面的支持力度，制定出台了支持海洋特色产业园建设的意见，评审认定了 18 个省级海洋特色产业园，不断增强园区的项目承载和辐射带动能力，共聚集企业 2 100 余家，其中海洋主导产业企业占比超过 60%；园区内工程技术研究中心、企业技术中心等省级以上科技平台超过 200 个。2014 年 6 月，青岛西海岸新区获国务院批复，成为第九个国家级新区。烟台东部、潍坊滨海、威海南海等海洋经济新区龙头带动效应进一步显现。

（4）加大科技创新力度，不断推动蓝色经济区可持续发展。青岛、烟台、威海国家级海洋高技术产业基地建设获国家批复。《青岛蓝色硅谷发展规划》获得国家发展改革委等五部委联合批复。青岛海洋科学与技术国家实验室、国家深海基地投入运行。我国首家海洋设备质检中心落户青岛，初步建立了以蓝色经济为特点的检验检测认证服务体系。东营黄河三角洲可持续发展研究院、中国石油大学国家大学科技园及其"生态谷"、国家耐盐植物和湿地研究中心等重大科技创新平台建设总体进展顺利。烟台海洋产权交易中心挂牌运营，国家海产品质量监督检验中心一期工程建设完成。山东海洋仪器仪表所被科技部批准为国家海洋监测设备工程技术研究中心。山东省委、省政府出台了《"泰山学者"蓝色产业领军人才团队支撑计划》，面向省外海外引进具有国际一流水平的领军人才团队。开展了山东省海洋工程技术协同创新中心申报工作，首批认定 16 家单位作为第一批省海洋工程技术协同创新中心。在滨海海洋经济新区规划建设了 20 平方千米的科教创新区，已入驻科教研发项目 29 个。山东（潍坊）海洋科技大学园、公共实训基地等项目加快建设。

（5）加强基础设施规划建设，促进区域互联互通。以提高综合竞争力为导向，加快港口协同、错位发展，不断加大新港区开发力度，完善港口综合服务功能。青岛董家口港区成为国内首个40万吨散货船直靠码头，青岛邮轮港口正式投入运营，日照港石臼港区规划调整方案获批，威海南海新港获批对外开放口岸。以青岛港为龙头，烟台港、日照港为两翼，以威海港、潍坊港、东营港、滨州港、莱州港为支撑的现代化港口群初步建立。

（6）坚持绿色发展，生态文明建设步伐加快。威海市、日照市、长岛县入选首批国家级海洋生态文明建设示范区，建成潍坊昌邑等10个省级海洋生态文明示范区。全省已建立国家级海洋公园9处，国家级海洋保护区30处，各类省级以上海洋保护区达到67处，总面积约80万公顷。制定了《山东省渤海海洋生态红线区划定方案》，出台了《关于建立实施渤海海洋生态红线制度的意见》，划定红线区73个，红线区总面积6 534.42平方千米，红线区面积占管辖海域面积比例和自然岸线保有率均超过了40%。制定了《山东省海洋生态损害赔偿费损失补偿费管理暂行办法》，在全国率先建立了海洋生态损害赔偿损失补偿机制，对用海项目累计征收海洋生态损失补偿费3.5亿元。启动实施了51个海域、海岛、海岸带整治修复和生态保护项目。全省破损岸线治理率达74%，符合国家一类、二类海水水质标准的海域面积约占全省毗邻海域面积的92%。实施百万亩湿地修复工程和黄河刁口河流路生态调水工程，修复湿地35万亩（约合23 333公顷），黄河三角洲国家级自然保护区被列入国际重要湿地名录。

（7）坚持深化改革开放，全面激发蓝色经济区发展活力。制定出台《山东省参与丝绸之路经济带和21世纪海上丝绸之路建设实施方案》，成功举办2015中国·青岛海洋国际高峰论坛、第四届世界海洋大会、第三届中国—中亚合作论坛及中乌政府间第三次合作会议、中乌经贸合作论坛、山东省与加拿大新斯科舍省海洋经济合作交流会，全力打造参与"一带一路"建设的重要平台。抓住中韩自由贸易区机遇，全力加强与韩国企业的合作与交流。中韩地方经济合作示范区建设取得决定性成果，中韩自贸协定明确将威海作为地方经济合作示范区。积极推动中韩陆海联运。中韩陆海联运韩国挂车行驶区域由山东省境内扩大至山东省和江苏省全境。推动一批重点改革举措落地，以潍坊滨海新区为代表，在全国率先推行以负面清单、权力清单、服务清单"三张清单"为主的行政体制改革，为全省乃至全国深化改革创造了经验。

专栏1 青岛蓝色硅谷建设

2014年12月，国家发展改革委、教育部、科技部、工业和信息化部、国家海洋局联合批复《青岛蓝色硅谷发展规划》。一年多来，山东省、青岛市切实加强对蓝色硅谷建设的组织指导，精心制订实施方案，全力推进各项政策措施落到实处，海洋科技创新不断取得新进展。截至目前，蓝色硅谷核心区累计引进重大科研、产业及创新创业项目200余个，总投资约2 422亿元，总规划建筑面积2 300多万平方米，其中

"国字号"科研机构 14 个，高等院校或研究院 15 个，科技型企业 110 余个，在谈项目 200 余个，研发类项目占 70% 以上。海洋国家实验室、国家深海基地、天津大学青岛海洋工程研究院等 6 个项目已经正式运营，山东大学、青岛校区、国家海洋设备质检中心、国家水下文化遗产保护基地等 40 余个项目正加快建设，即将投入使用，中央美院青岛大学生艺术创业园等 20 余个项目即将开工建设，开工项目已累计投入资金 200 亿元，开工面积约 600 万平方米。

专栏2　威海南海新区着力打造海洋经济先行示范区

威海南海新区位于威海市南部沿海，开发建设八年来，积极抢抓列入山东半岛蓝色经济区重点建设海洋经济新区的重大机遇，围绕五个方面实施突破。一是突出科技创新的引领作用，全面实施"三年突破"战略，打造国家级海洋经济新区；二是发挥服务业的集聚作用，大力实施服务业精品工程，把盐碱荒滩建设成现代化滨海新城；三是完善基础设施的承载能力，整体布局重点基础工程，建设一流蓝色经济发展平台；四是释放改革开放的新红利，深入实施行政审批改革和对外开放战略，使新区的体制机制活力竞相迸发；五是践行"三生共融"理念，追求经济发展与环保、民生和谐共促，让新区的发展惠及民生。创新发展思路，优化空间布局，将一片盐碱荒滩打造成现代化、国际化、生态化的滨海新城，区域发展呈现强劲突破新常态。

专栏 3　推动"海上粮仓"建设

　　"十二五"期间,山东省立足大粮食、大食物理念,统筹保障粮食安全和现代渔业建设,积极推进"海上粮仓"建设,制定出台了《关于推进"海上粮仓"建设的实施意见》,组织编制完成《山东省"海上粮仓"建设规划(2015—2020年)》,由省级股权投资引导基金参股设立"海上粮仓"建设投资基金,集中海域使用金和现代渔业园区、渔业资源修复行动计划等发展类项目资金重点支持"海上粮仓"年度重点项目实施,"海上粮仓"建设取得良好开局,相关工作快速推进。

图 13　山东海洋牧场建设

第二节 "十三五"期间重点工作

（1）优化海洋开发总体布局。坚持开发和保护相协调、环境治理和生态修复相结合、资源利用和循环节约相统一，加快优化海洋资源开发布局，拓展蓝色经济发展空间，提升海洋可持续发展能力。强化海洋主体功能定位，依据区域海洋资源承载力、开发强度和发展潜力，编制实施全省海洋主体功能区规划，合理划定产业与城镇建设、农渔业生产、生态环境服务三类主体功能空间。

（2）进一步完善海洋经济体系。挖掘海洋经济发展潜力，加快扩大海洋经济规模，推动海洋产业优化升级，构建技术先进、分工专业、集约高效、具有较强国际竞争力的现代海洋产业体系。积极推进"海上粮仓"建设，加快发展现代海洋渔业，不断增强渔业综合生产和市场竞争力。巩固提升海洋优势产业，坚持自主化、规模化、品牌化发展方向，打造带动能力强的海洋优势产业集群。加快发展海洋高新技术产业，以重大技术突破为支撑，培育龙头企业，完善配套体系，推动海洋高新技术产业高端发展、集聚发展，打造全国重要的海洋高新技术产业基地。积极发展海洋服务业，坚持错位发展，突出区域特色，加快港口、岛群服务业开发，打造海洋服务业集聚高地。

（3）大力推进海洋科技创新。以中国青岛蓝色硅谷建设为核心，加快推进体制机制创新，整合提升海洋科技创新资源，打造世界一流的海洋科技领军人才队伍和高水平创新团队，形成产学研紧密结合的海洋科技创新体系。做大做强国家级海洋科技创新平台，充分发挥青岛海洋科学与技术国家实验室引领作用，加快推进国家浅海综合试验场、海洋生物与碳汇研究基地、海洋能及海洋仪器观测海上试验与测试场建设，规划建设大洋钻探船，促进海洋科技资源优化整合、协同创新。集中力量攻克海洋核心技术和关键共性技术，加快建设海洋生物医药、深海技术装备研发、特种船舶研发设计等重大创新平台，鼓励发展产学研用有机结合的产业联盟。

（4）加强海洋教育和人才培养。大力发展海洋高等教育，调整优化涉海高等院校海洋学科专业设置，支持建设具有国际水准与地域特色的海洋院校和专业。加强海洋职业教育和培训，支持沿海各地海洋类高等职业学校建设。支持高校、职业学校和企业共建涉海人才培养培训、实习见习基地，共建海洋人才培养联盟。推进海洋领域国家级继续教育基地建设，加强海洋智库建设，组织开展海洋资源开发利用、海洋生态文明、海洋权益保护等重大战略问题研究。加强蓝色国土教育，提升公众海洋、海防、海权意识。

（5）推动海洋生态文明建设。加强岸线分级管理和保护，实施自然岸线保有率目标控制，控制近岸海域开发强度。实施蓝色海湾治理工程，加强莱州湾、胶州湾、荣成湾、海州湾等海洋生态、景观和原始地貌修复保护，增加人造沙质岸线，恢复自然岸线。推进海岛整治修复和边远海岛开发，突出市场化配置、精细化管理、有偿化使用，支持创建高水平国家级海岛生态建设实验基地。积极开展海洋生态文明建设创新试点。强化海洋污染防治与监管，实施污染物入海总量控制和海洋生态红线制度。

第二章　浙江海洋经济发展示范区

2011年2月，国务院批复了《浙江海洋经济发展示范区规划》，标志着浙江海洋经济发展正式上升为国家战略，并成为全国首批三个海洋经济发展试点省之一。2011年6月，国务院批准设立舟山群岛新区，要求将其打造成为浙江海洋经济发展的先导区、海洋综合开发的试验区和长江三角洲地区经济发展的重要增长极。在国家发展改革委等有关部委大力支持和指导帮助下，在浙江省委、省政府高度重视和坚强领导下，在省级有关部门和沿海各市共同努力和扎实工作下，浙江海洋经济发展试点工作有序推进，取得了明显成效。

第一节　"十二五"期间浙江海洋经济发展示范区建设情况

（1）海洋经济政策与规划指导不断完善。浙江省委、省政府建立了示范区工作领导小组和舟山群岛新区工作领导小组，由省委、省政府主要领导分别担任示范区和新区领导小组组长。沿海市县均成立了相应机构。2013年1月，国务院批复《浙江舟山群岛新区发展规划》，为加快推进全省海洋港口一体化、协同化发展，2015年8月成立了海洋港口发展领导小组，2015年年底国家批准设立浙江省海洋港口发展委员会机构。2011年1月，省政府印发了《浙江省海洋新兴产业发展规划》，同年省发展改革委组织编制并印发了《浙江省"十二五"海洋经济发展重大建设项目规划》。2013年7月，省政府办公厅印发了《浙江海洋经济发展"822"行动计划（2013—2017）》，明确重点扶持八大现代海洋产业，培育建设25个海洋特色产业基地，每年滚动实施200个左右的海洋经济重大项目。此外，浙江省印发了《浙江舟山群岛新区建设三年（2013—2015年）行动计划》，并积极开展舟山江海联运服务中心相关专题研究和总体方案的编制工作。

（2）海洋经济实力快速增强。"十二五"期间，浙江省海洋生产总值年均增速8.3%（现价），2015年全省海洋生产总值占地区生产总值比重接近14%，高于全国占比约4个百分点。海洋三次产业结构不断优化，由2010年的7.3∶45.2∶47.5调整为7.7∶36.0∶56.3。2015年，全省沿海港口货物吞吐量11亿吨，集装箱吞吐量2 257万标准箱，比2010年分别增长39.4%和60.6%，"十二五"期间年均分别增长6.9%、9.9%。其中宁波舟山港完成货物吞吐量8.9亿吨，比2010年增长40.5%，"十二五"期间年均增长7%，继续保持全球海港首位；集装箱吞吐量2 063万标准箱，增长56.9%，"十二五"期间年均增长9.5%，位居全球第四，国际干线港地位进一步确立。2015 年，全省船舶工业完成总产值 1 064 亿元，比 2010 年增长 31.7%；全省已建成海水淡化站 38 台（套），总产能超过 20 万吨/天，居全国前列；远洋渔业累计产量 61.2 万吨，比 2010 年增长 215.5%，生产规模、产量居全国前列。海洋清洁能源、海洋医药与生物制品、滨海旅游等继续呈现良好发展势头。全省沿海和海岛地区一批海洋经济重大项目包括杭州湾嘉绍大桥、宁波象山港跨海大桥、杭州水处理中心海水淡化装备制造基地等加快推进。2015 年完成海洋经济项目投资 2 500 多亿元，2012 年以来年均投资增长 10% 以上。

图 14　宁波—舟山港

（3）海洋科教支撑能力不断提升。浙江大学海洋学院（舟山校区）、宁波诺丁汉国际海洋经济技术研究院、舟山海洋科学城、温州海洋科技创业园等科教平台正式启用，浙江海洋学院成功升级成为浙江海洋大学，宁波大学成立了海洋学院，浙江工业大学建立了海洋研究院，杭州电子科技大学成立海洋工程学系。目前，全省已拥有涉海类高校 21 所、涉海类省重点学科 43 个，涉海科研院所 13 家、国家级海洋研发中心（重点实验室）4 家、海洋科技创新平台 15 家。加快提升海洋科技自主创新能力，膜法海水淡化技术和产业化、海产品育苗和养殖技术、海产品超低温加工技术、分段精度造船技术等全国领先。

（4）海洋生态环境保护力度不断加大。建立"碧海生态建设行动计划"常态化机制，实现了对钱塘江、甬江等六大主要入海河流、33 个主要入海排污口和省级以上海洋保护区的环境监测。建立了"长三角"近海海洋环境保护、防灾合作机制和全省海洋环境监测观测网。组织实施了海洋渔业资源"一打三整治""海盾""碧海""护岛"专项执法行动，海洋渔业资源得到有效保护，主要入海污染物总量得到较好控制，全省近岸海域环境质量总体保持稳定。重点实施了一批包括重点海湾、海岛、海岸带在内的海洋生态综合整治修复及保护项目，已建立省级以上各类海洋保护区 13 个、水产种质资源保护区 13 个、水产增殖放流区 11 个。积极修复振兴浙江近海渔场。

（5）涉海体制机制不断完善。颁布了《浙江省海域使用管理条例》，明确凭海域使用权证可直接办理基本建设项目的相关手续。出台了《浙江海洋经济发展示范区建设统计监测办法（试行）》，出台了国内首个省级《招标拍卖挂牌出让海域使用权管理办法》。舟山市设立了港口岸线和海域海岛使用权储备（交易）中心，象山县设立海洋资源管理中心。沿海市县开展了海域使用权证书抵押贷款工作。浙江省发放了全国第一本无居民海岛使用权证（象山旦门山岛），举办了全国第一场无居民海岛使用权公开拍卖活动（象山大羊屿岛）。整合全省涉海资源，组建省海港委和省海港集团，海港集团总资产将近 1 500 亿元，为浙江海洋港口一体化发展提供投融资保障。

专栏4　创新实施海洋港口一体化发展

为加强浙江省海洋港口资源的保护和开发利用，2015 年 8 月，浙江省委、省政府做出推进海洋港口一体化发展的重大决策部署，决定整合全省沿海港口及有关涉海涉港资源和平台，组建浙江省海洋港口发展委员会、省海洋港口投资运营集团，先行整合组建宁波港集团和舟山港集团。2015 年年底，浙江省海洋港口发展委员会获批成立，负责海洋港口经济发展的宏观管理和综合协调，统筹推进全省海洋港口一体化、协同化发展。

专栏5　推进舟山江海联运服务中心规划建设

浙江省认真贯彻落实李克强总理在浙江考察调研时提出的"打造舟山江海联运服务中心"的要求，发挥舟山、宁波对长江经济带发展的战略支撑作用，形成长江经济带和 21 世纪海上丝绸之路的战略支点。通过机制建立、前期研究，积极推进规划建设相关前期工作。同时，坚持边推进总体方案报批、边组织江海联运服务中心推进建设，编制实施 2015 年度舟山江海联运服务中心推进工作方案，围绕重大项目建设、重点政策争取、重要机制创新"三条主线"，加快推进舟山江海联运服务中心建设。

第二节　"十三五"期间重点工作

（1）加快发展现代海洋产业。一是继续推进实施浙江海洋经济发展"822"行动计划和特色产业基地建设实施方案，围绕港航物流服务业、临港先进制造业、滨海旅游业、海工装备与高端船舶制造业、海洋医药与生物制品业、海洋清洁能源产业、海水淡化与综合利用、现代海洋渔业八大现代海洋产业，加快培育建设规模优势强、产业集中度高、示范带动作用明显的 25 个海洋特色产业基地，推动现代海洋产业发展向创新引领转变。二是加快推进海洋港口重大项目建设，按照"建成投产一批、加快建设一批、推进开工一批、培育储备一批"的思路，编制实施"十三五"浙江海洋港口重大建设项目计划，在港口码头泊位、航道锚地、港口集疏运、港航物流服务、临港先进制造、海洋科教生态保护等方面，初步安排 200 余个重大项目，总投资 7 000 多亿元，"十三五"计划投资 4 500 多亿元。

（2）聚力建设舟山江海联运服务中心。加快推进舟山江海联运服务中心规划建设，努力成为连接长江经济带和 21 世纪海上丝绸之路的战略支点。一是建设国际化综合枢纽港。加快建设完善以港口为枢纽的多式联运交通系统，以江海联运为主要方式，统筹海铁联运、海河联运等多种联运模式，积极优化港口泊位布局，提升国际枢纽港辐射能级。二是建设大宗商品储备加工交易基地。以油品储备为重点，兼顾铁矿石、粮油储备，在增强国家储备能力的同时积极发展商业储备，加快建设中国（浙江）大宗商品交易中心，建设国际绿色石化基地和现代粮油加工基地。三是建设国际海事航运服务基地。加强航运信息管理服务，增强"北斗"航运导航管理服务，扩大国际船舶保税油补给，支持航运金融与保险、航运咨询评估、船舶交易服务、航运运价指数开发、船舶检验服务等发展，健全产业链。推进港口联盟建设，支持进口贸易与跨境电子商务等关联服务业发展。

（3）加快推进舟山群岛新区建设。一是高水平推进舟山港综合保税区建设，加大与上海自贸区洋山保税港区等业务合作力度，加快舟山港综合保税区进口商品贸易、保税物流与加工、转口贸易、保税展示交易等业务的培育发展。同时，全面启动衢山分区开发建设。二是进一步推进开放创新，推动舟山群岛新区开放门户的构建，积极争取设立舟山自由贸易港区。三是加快实施重大项目和重要功能平台建设，落实推进省政府与中船集团签订的战略合作协议，努力争取新区企业承接我国执法用船等特殊用船的生产任务，继续推进产业集聚区、金塘、六横等经济功能区以及大宗商品交易等平台建设。四是继续推进体制机制创新，全面推行新区扁平化管理模式，推进投融资、海洋资源管理、海上综合执法等重点领域改革创新，争取率先探索海岸带综合管理模式，加强深水岸线、滩涂浅海、海岛、港湾等资源的统筹规划、综合利用，切实提高管理效率与效益。

（4）努力开展海洋科技创新。积极推进海洋科技研究和成果转化。继续推进舟山海洋科学城、宁波海洋生态科技城、中国科学院宁波生物产业创新中心、温州海洋科技创业园等海洋科技创新平台建设，加快推进北大舟山海洋研究院建设，加强海洋高科技企业培育，深化产学研合作。研究谋划省级海洋科技成果转化平台，在杭州或宁波建设蓝色硅谷，以核心技术和关键共性技术为重点，推进海洋科技研发和成果转化。

（5）持续推进海洋生态保护。一是推进实施重点海湾污染综合整治。继续推进实施《浙江省近岸海域污染防治规划》，注重陆海统筹、综合治理，持续深入推进大江大河等陆源入海污染物整治。二是大力推进浙江渔场修复振兴。继续开展严厉打击涉渔"三无"船舶及各类非法行为、整治"船证不符"捕捞渔船和渔运船、整治禁用渔具、整治海洋环境污染等为主要内容的"一打三整治"专项行动，争取尽快恢复浙江海洋渔业资源。三是加强海洋保护区建设。加强海洋自然保护区和特别保护区建设，保护建设慈溪庵东、玉环漩门、温州瓯飞等一批滨海湿地，建设温州龙湾、洞头海岛、岱山秀山、普陀东极、嵊泗列岛等一批海洋公园。

（6）着力推进海洋港口管理体制机制创新。一是创新资源整合机制，大力推动海洋港口一体化发展，继续推进沿海港口行政资源、自然资源和相关平台资源整合，实现全省沿海港口一体化深度融合发展；研究制定海岸线等海洋资源收储制度及实施办法，适时建立海域、海岛储备交易机制，组建专门机构，促进海洋资源统筹管控和集约化利用。二是创新投资运营机制，着力推进投融资、港口运营、开发建设、航运服务，积极发挥宁波舟山港集团港口产业一体化、规模化、集约化运营优势，打造全球一流港口运营商和物流服务商。三是创新开放合作机制，坚持内联外扩，加快宁波舟山港与沿长江经济带内河港口的联盟建设，加强宁波舟山港与国际港口的交流合作，通过股权投资、管理输出等形式，积极参与境外港口项目投资运营。四是创新口岸监管机制，全面推进省内港口特别是宁波—舟山港口岸监管一体化，简化对国际航行船舶在宁波—舟山港内移泊手续，推进口岸服务便利化。

第三章 广东海洋经济综合试验区

2011 年 7 月，国务院批复了《广东海洋经济综合试验区发展规划》（国函〔2011〕81 号）（以下简称《规划》），同年，国家发展改革委批复了《广东海洋经济发展试点工作方案》（发改地区〔2011〕2203 号）。"十二五"期间，广东省围绕着海洋经济综合试验区建设，积极落实《规划》提出的主要任务，海洋经济发展试点工作取得重大进展，开创海洋经济发展新局面。

第一节 "十二五"期间广东海洋经济综合试验区建设情况

（1）积极推进海洋经济平稳健康发展。广东省海洋经济总量始终保持全国领先的地位，"十二五"期间，全省海洋生产总值年均增速达到 10.7%（现价），高于地区生产总值年均现价增速 1.1 个百分点，海洋生产总值占地区生产总值比重一直高于 17%，对区域经济发展支撑带动作用明显。海洋产业结构持续优化，由2010 年的 2.4∶47.3∶50.3 调整为 2015 年的 1.5∶43.5∶55.0。

（2）着力优化海洋经济空间布局。按照构建"三区、三圈、三带"海洋综合发展新格局的部署，沿海各市加快推进重点区域建设，着力培育新的增长极。同时，积极推动广州南沙新区、深圳前海、横琴新区上升为国家级新区，规划建设茂名滨海新区、中山翠亨新区、惠州环大亚湾新区、汕头海湾新区、湛江海东新区等一批沿海省级新区。

（3）全力构建现代海洋产业体系。一是传统优势海洋产业转型升级步伐加快。加快船型结构向高新技术船型、海洋工程装备及其辅助船舶、工作船、公务船及其他非货运船等多元化方向发展，广州中船龙穴造船有限公司 400 万载重吨的世界级船舶制造基地建成投产，深圳市成立前海国际船艇交易中心，珠江口大型船舶修造基地已具规模。海洋渔业转型升级成效显著，在国内首创"深蓝渔业"发展模式，建成一批深水网箱养殖产业示范园区，并更新改造大型钢质渔船 871 艘。二是海洋新兴产业不断取得新成效。海洋生物医药业初具规模，广州、深圳被国家发展改革委认定为生物产业国家高技术产业基地，争取国家发展改革委批复成立南海海洋生物技术国家工程研究中心。海洋工程装备制造业集群加快建设，广州、深圳、珠海等海洋工程装备基地建设进展顺利，"珠三角"海洋工程装备制造集群正加快建设，中海油深水海洋工程装备制造基地、珠海三一海洋重工产业园等大型龙头项目开工建设，广州南沙新区已成为海洋工程装备制造业的重要基地。海洋可再生能源发展扎实推进，南网珠海桂山海上风电项目已于 2015 年核准并开工建设，建成万山海岛新能源微电网示范项目，在万山群岛、饶平等地开展海水淡化及综合利用试点，推动万山群岛、雷州半岛等地发展海上风电。三是海洋旅游业不断向高端化发展。省财政安排 6 亿元专项资金，通过竞争性安排扶持建设湛江"五岛一湾"、汕尾红海湾两个具有国内领先水平的滨海旅游产业园。珠海长隆国际海洋度假区建成并投入使用，深圳太子湾国际油轮母港已开工建设并将于 2016 年完工。

图 15　横琴岛长隆国际海洋度假区

（4）大力提升海洋科技创新能力。"十二五"期间，积极开展海洋经济创新发展示范工作，共组织实施海洋科技成果转化与产业化、产业公共服务平台项目 41 项，其中成果转化与产业化项目 37 项，产业公共服务平台项目 4 项，项目总投资额超过 20 亿元，拉动上下游产业投资约 100 亿元，直接推动了海洋战略性新兴产业发展提速增效。海洋科技创新平台不断增加。广州、湛江被确定为国家海洋高技术产业基地，广州南沙新区获批成为国家科技兴海产业示范基地。联合推动中山大学会同在粤涉海科研机构成立"南海资源开发与保护协同创新中心"，启动建设国内首个"海洋生物天然产物化合物库产业公共服务平台"。促进建成覆盖海洋生物技术、海洋防灾减灾、海洋药物、海洋环境等领域的省部级以上重点实验室 26 个，其中国家级重点实验室 3 个。

（5）积极推动海洋对外合作交流。国务院台湾事务办公室、国家海洋局与广东省联合主办了"加强海峡两岸海洋产业合作，共建 21 世纪海上丝绸之路"之"2014 海峡两岸海洋经济合作交流会"，达成合作项目 100 多个，总金额 167.3 亿元。成功举办三届中国海洋经济博览会，涉及项目金额超过 1 400 亿元。深化与新加坡在港口航运方面合作，举办了首期"海洋经济发展"专题研讨班。设立广东丝路基金，首期已募集 200 亿元。

（6）有效保护海洋生态环境。编制实施《广东省生态文明建设规划纲要（2015—2030 年）》《广东省海洋环境保护规划》《广东省海洋生态文明建设行动计划（2016—2020 年）》《广东省海洋防灾减灾规划》和《广东省碳汇渔业发展规划》等专项规划。完善海洋环境保护制度，将海洋环境保护纳入沿海各级政府环境保护责任考核范围；完善排污许可证制度，探索开展区域内排污权交易。推动海洋渔业保护区与人工鱼礁建设，印发《广东省海洋生物增殖放流技术指南》和《广东省淡水生物增殖放流技术指南》。"十二五"期末，广东省共建成 108 个海洋渔业保护区，包括 88 个自然保护区、16 个国家级水产种质资源保护区、4

个国家级海洋公园；建成 50 个人工鱼礁区，总面积达 290 平方千米，规模和面积居全国首位。实施环境生态修复工程，组织编制了《广东省美丽海湾建设总体规划》，汕头南澳县、珠海横琴新区、湛江徐闻县、惠州市和深圳市大鹏新区获批成为国家级海洋生态文明建设示范区。

（7）加快推动海洋基础设施及相关配套项目建设。《规划》确定的海洋交通基础设施全面开工。广州、深圳、珠海、汕头、湛江五大主要港口均已完成 5 万吨级以上出海航道建设，形成了配套完善、优势明显的港口群。渔港建设加快，全省建成和在建一类渔港 15 个，在建二类、三类渔港 16 个。截至 2015 年，全省高速公路通车里程 7 018 千米，内河航道通航里程 12 150 千米，高等级航道达到 897 千米，完善了港口疏运系统。广深港客运专线广州至深圳段、广珠城际、厦深铁路、贵广客运专线、南广铁路、广东西部沿海铁路茂名至湛江段等沿海铁路已建成通车。加快推进加固海堤、防护林体系、护岸和防波堤建设，全省共争取中央投资 16 000 万元用于 15 宗海堤加固达标工程建设，1 亿元用于推进以基干林带为重点的沿海防护林体系建设。

（8）创新海洋综合管理体制机制。一是制定配套政策文件。广东省委、省政府印发《关于充分发挥海洋资源优势，努力建设海洋经济强省的决定》（粤发〔2012〕13 号）以及海洋经济试点配套文件，在资金安排、项目布局、政策配套、体制创新等方面提出了更为明确的要求。二是充分发挥统筹协调作用，探索建立无居民海岛资源市场化配置机制，推进建立海域使用并联审核机制，提高审批效率。三是多渠道加大支持力度。加大省级财政资金投入力度，安排 4.5 亿元专项资金用于海洋经济综合试验区建设，各类涉海专项资金优先安排纳入海洋经济综合试验区的项目。加大开发性金融支持海洋经济发展力度，广东省海洋渔业局与国家开发银行广东省分行签订《开发性金融促进广东海洋强省建设合作框架协议》，授信 500 亿元支持广东省海洋经济发展。探索设立海洋经济发展专项资金，茂名港集团有限公司、广州港集团有限公司等企业发售专项债券支持海洋经济建设。鼓励产业（股权）投资基金投资海洋综合开发企业和项目。

专栏 6　发展广东自贸区湾区经济

在自贸试验区和《关于建立更紧密经贸关系的安排》（CEPA）的框架下，广东省充分发挥毗邻港澳的区位优势，借助香港国际金融、航运、贸易三大中心地位，发展湾区经济，提升粤港澳在国家经济发展和对外开放中的地位和功能。金融业方面，加快与港澳市场互联互通，构建全球金融中心和创新中心，推进跨境股权投资、银团贷款、航运金融、信用保险等金融合作。基础设施方面，构建粤港澳海、陆、空、铁多式联运交通体系，建设粤港澳大湾区物流枢纽。现代物流业方面，着力建设粤港澳现代航运服务集聚区，大力发展航运总部经济。海洋渔业方面，粤港澳三地在海洋环境监测及预报减灾、海洋生态保护及生物多样性研究等方面开展交流合作。生态文明建设方面，严格环保准入，加大对自贸区湾区建设项目、重点工业园区、直排海重点污染源的环境监管力度。同时，努力深化粤港澳在科技、社会、民生、文化、教育等领域合作。支持港澳中小微企业和青年人在内地发展创业。

专栏 7　以发展涉海金融业支持海洋经济综合试验区建设

广东省积极探索金融支持海洋经济发展路径，引导金融资源和社会资金投向海洋领域，支持海洋经济综合试验区建设。一是加大与开发性金融的合作，2014 年 10 月，广东省海洋与渔业局与国家开发银行广东分行签订《开发性金融支持广东海洋强省建设合作备忘录》，目前开发性金融支持广东省海洋经济发展累计发放贷款 29 笔，贷款额达 140 亿元人民币；二是推动设立海洋产业投资基金，目前已设立广东丝路基金和广东省海洋产业投资基金，南海海洋产业投资基金正在投资募集谈判阶段；三是完善海洋渔业保险制度，率先在全国成立了渔船船东互保协会，并通过地方立法确立了海洋渔业从业人员强制保险制度；四是推出"邮渔贷"、《船网工具指标批准书》质押舰船贷款等金融产品支持渔船更新改造。

专栏 8　率先实施美丽海湾建设

"十二五"期间，广东省率先在全国实施"美丽海湾"建设，提出在每个沿海城市建设若干个"美丽海湾"，编制完成了《广东省美丽海湾总体规划实施方案》，确定在汕头青澳湾、惠州考洲洋、茂名水东湾开展美丽海湾建设试点，下达补助资金 9 200 万元，为落实十八届五中全会提出的"蓝色海湾整治行动"进行了探索。

第二节 "十三五"期间重点工作

（1）继续优化海洋经济发展空间布局。大力培育打造环珠江口湾区核心区，建设成具有国际影响力的航运中心、科技中心和海洋产业集聚区。进一步优化"六湾区一半岛"产业发展布局，提升粤东粤西海洋经济重点区发展水平。积极推动海洋经济跨区域合作，建设福建、广东、广西、海南等跨省区海洋经济发展合作及珠江—西江经济带等跨省区重大合作平台并拓展海洋经济发展腹地，推进"珠三角"地区与港澳合作并促进海洋经济的专业化分工和产业结构优化。加强海岸带保护与开发利用，落实《广东省海岸带保护与开发利用管理办法》。

（2）进一步提升海洋产业国际化水平。优先发展海洋新兴产业，以推进产业结构升级为主线，以海洋生物医药、海洋工程装备制造、海洋电子信息、海水淡化和综合利用为重点，突破核心技术，提升海洋新兴产业核心竞争力。巩固提升传统海洋优势产业，推动海洋旅游业、海洋交通运输业、海洋油气业、现代海洋渔业、海洋船舶工业等海洋传统产业转型升级，延伸高端产业链。提升海洋现代服务业水平，发展海洋金融、航运服务、海洋文化等服务业，推进服务业标准化和品牌建设，重点培育和发展一批规模大、实力强的海洋服务企业。

（3）推进海洋科技创新与数字海洋建设。实施科技兴海战略，加强海洋科技创新平台及海洋公共技术服务平台建设，推动建设国家级、省级涉海重点实验室以及广东省海洋院士工作站等，探索设立跨区域海洋创新创业、海洋产业标准等联盟，支持建设协同创新与孵化育成体系，建立多元投入机制，支持鼓励企业、高等院校、科研机构等建立海洋领域专业孵化器。推进数字海洋建设，开发数字海洋应用系统，支持海洋数据的采集与传输等技术研发，完成全省海岛的测绘以及覆盖全省海岸带的滩涂水下地形测绘，构建海洋基础地理信息公共服务平台。加快研发海洋高新技术，重点研究开发深海海洋工程装备制造等技术，引领海洋战略性新兴产业的发展。

（4）开创海洋经济对外合作新格局。构建跨区域合作的海洋现代产业体系，加强与"一带一路"沿线国家的交流合作，依托中新（广州）知识城、东莞中以国际科技合作园区等平台，深化与新加坡、以色列等国的研发合作，推动广东与南海周边国家（地区）共同打造"南海海洋产业国际集聚区"，深化与印度尼西亚等国在油气开发、远洋渔业等领域的合作。联手港澳共同发展广东自贸区湾区经济，构建全球金融中心和创新中心，发展多式联运交通体系。共建港口城市联盟，以广州港为核心，与新加坡港、巴生港、雅加达港和迪拜港等共同构建区域港口服务网。

（5）加快推进涉海基础设施建设。在港口航道方面，加快推进"珠三角"、粤东、粤西三大沿海港口群建设和沿海港口出海航道扩能升级，开工建设广州港深水航道拓宽工程等。在公路方面，继续推进港口集疏运道路的建设，提升内河航道等级，完善港口集疏运体系，加快推进虎门二桥、港珠澳大桥和深中通道等建设。在铁路方面，协调推动深茂铁路江门至茂名段、湛江东海岛、南沙港铁路项目建设工作等。

（6）切实加强海洋生态环境保护。加强污染管控，加强自然岸线保护，实施海岸带、重点海域及典型生态系统专项整治，建立海洋污染物排放许可制度，鼓励开展区域内排污交易，提高滨海城市生活污水等处理率，集中处理海上污染物，建设绿色港口并倡导绿色运输，减少用海工程建设项目对海洋环境的影响。加强生态修复，大力推进国家级海洋生态文明示范区建设，规划新建一批海洋自然保护区、海洋特别保护区等，实施河口海湾生态修复、红树林湿地保护等工程。加强防灾减灾，建立海洋突发公共事件应急处置指挥体系，成立突发生态环境公共事件应急指挥中心，加强海洋环境质量监测监视，构建外来入侵生物风险评估与监测预警网络，构建核与辐射安全监管体系。

（7）强化海洋综合管理能力。深化海洋行政管理体制改革，继续加强海洋维权执法、公共服务等机构建设，加快建立跨部门、跨区域的海洋环境保护管理协调机制并开展海洋环境保护联合执法。创新海洋资源开发管理，实施海域使用动态监视监测工程，推动建设海域使用论证管理中心、海洋测绘中心、海洋权属管理及产权交易中心，健全海砂等资源开采海域使用权招标拍卖制度。建立海洋新兴产业和海洋科技发展重点项目审批"绿色通道"，进一步完善差别化海域使用政策，优化海域综合管理机制，科学安排建设用围填海年度计划指标。

第四章　福建海峡蓝色经济
试验区

2012 年 9 月，经国务院批准，国家发展改革委印发了《福建海峡蓝色经济试验区发展规划》（以下简称《规划》），并批复了《福建海洋经济发展试点工作方案》（以下简称《方案》），福建成为全国第四个海洋经济发展试点省份。近四年来，在国家发展改革委等部委的指导和支持下，福建省认真落实《规划》和《方案》提出的各项目标任务，加快海洋经济发展，积极推进体制机制创新，海洋经济发展试点工作取得了积极成效。

第一节　"十二五"期间福建海峡蓝色
经济试验区建设情况

（1）协调机制和政策制定取得进展。成立了福建省加快海洋经济发展领导小组及办公室，加强对海洋经济发展工作的统筹协调。每年制定印发全省海洋经济工作要点，对当年的海洋经济发展工作作出全面部署。同时，省委、省政府先后出台了《关于加快海洋经济发展的若干意见》《关于支持和促进海洋经济发展九条措施的通知》《关于促进航运业发展的若干意见》《关于加快发展港口群促进"三群"联动的若干意见》《关于促进船舶工业转型升级十一条措施》《关于加快推进厦门邮轮母港建设的若干意见》《关于加快远洋渔业发展六条措施的通知》《关于进一步加快远洋渔业发展五条措施的通知》等一系列政策性文件，在海洋产业园区建设、企业发展、品牌培育、科技创新、远洋渔业、邮轮母港和航运业发展等方面推出了一系列含金量高、实用管用的扶持政策。

（2）海洋经济总体持续向好。"十二五"期间，在国内外经济总体下行压力加大的趋势下，福建省海洋经济总量保持平稳较快增长，海洋生产总值年均增长 13.1%（现价），高出同期全省地区生产总值增长速度 1.1 个百分点，海洋生产总值占地区生产总值比重始终高于 23%，位居全国前列。海洋经济三次产业结构不断优化，由"十一五"末的 8.6∶43.3∶48.1 调整为"十二五"末的 7.6∶38.5∶53.9。

（3）海洋开发空间布局逐步优化。以若干高端临海产业基地和海洋经济密集区为主体、布局合理、具有区域特色和竞争力的海峡蓝色产业带初步形成。福州、厦漳泉两大都市区加快建设。厦门东南国际航运中心、闽台（福州）蓝色经济产业园等一批海洋经济重大项目在环三都澳、闽江口、湄洲湾、泉州湾、厦门湾、东山湾布局建设，六大海洋经济密集区初步形成，产业集聚效应逐步显现。海岛开发保护工作不断加强，平潭综合实验区全面封关运作，东山、湄洲、南日、琅岐等海岛开发保护工作取得新成效，编制实施《福建省海岛保护规划》，出台《关于共同推进无居民海岛旅游开发的指导意见》。

（4）海洋产业转型升级加速。一是现代海洋渔业继续提升发展。标准化池塘养殖、浅海设施养殖、工厂化养殖、渔业种业、休闲渔业、水产品加工、海洋药物和生物制品七类现代渔业产业园区以及霞浦、南日等海洋牧场建设加快。远洋渔业实现跨越发展，至2015年年底，全省远洋渔业企业达29家，远洋渔船投产规模达521艘，五年累计增长188%，建立了9个境外远洋渔业基地，远洋渔业综合经济实力居全国第一。二是海洋新兴产业加快培育，诏安金都、石狮、东山等一批海洋生物产业园区集聚效应显现，涌现出润科生物、石狮华宝等一批示范性强、科技含量高的海洋生物企业。福州、漳州、厦门、泉州、宁德海洋装备制造业基地建设加快推进，海工辅助船、海洋平台供应船、重型起重设备等加快发展。邮轮游艇业稳步发展，厦门国际邮轮母港建设顺利推进。莆田平海湾、南日岛等一批海上风电示范项目开工建设。漳州古雷海水淡化工程、平潭海水淡化研究等项目前期工作顺利推进。三是海洋服务业持续发展壮大。2015年全省沿海港口货物吞吐量5.03亿吨，集装箱吞吐量1 363.69万标准箱。滨海旅游开发力度加大，一批"海洋主题公园""水乡渔村"类的休闲示范基地建设加快，海洋旅游业实现旅游总收入3 141.51亿元，"十二五"年均增长22.6%，高于全国平均水平。

（5）海洋科技支撑能力持续提升。一是加速海洋高端人才集聚。支持厦门大学、集美大学等高校设立一批涉海优势特色专业和

图16　三都澳三洲半岛大黄鱼产业基地

涉海实训基地；举办中国·福建海洋人才创业周、海外留学博士海西行——海洋经济人才与项目对接洽谈会等活动。二是逐步完善海洋科技创新体系。扎实推进厦门南方海洋研究中心建设，正式启动海洋产业公共服务平台，加快平潭海岛研究中心建设，有序推进国家海洋局第三海洋研究所科技兴海基地建设，成立"福建省水产品加工产业技术创新重点战略联盟"和"福建省大黄鱼产业技术创新重点战略联盟"，开展国家海洋经济创新发展区域示范项目，一批海洋产业重大关键共性技术攻关取得突破，40项成果获省级科技进步奖和国家行业科技奖。三是加快海洋科技成果转化。依托中国·海峡项目成果交易会等平台，成功对接海洋高新产业项目510多个。成立"6·18"虚拟研究院海洋分院，对接项目技术成果250项。2015年海洋科技进步贡献率达59.5%。

（6）海洋资源开发与生态保护不断加强。一是科学开发利用港口岸线资源，引导和推动围填海项目向湾外拓展。积极指导有关市、县政府编制和实施区域建设用海规划。积极推进泉港、石狮等临港循环经济示范园区、示范城市建设，加快发展循环经济。二是编制实施《福建省近岸海域污染防治规划（2012—2015年）》，在全国率先建立海洋环保目标责任制，对沿海六个设区市政府、平潭综合实验区管委会实行海洋环保目标责任考核。加强陆源污染控制，组织实施强制性清洁生产方案，推进重点行业污染深度治理，加强畜禽养殖污染整治，努力削减陆源污染物排放。实施一批"碧海银滩"重点工程。持续开展"百姓富、生态美"海洋生态渔业资源保护行动。三是不断加强海洋生态建设与保护工作。厦门、东山、晋江入选全国首批国家级海洋生态文明示范区。漳江口红树林、九龙江口红树林、泉州湾、闽江河口等4个国家级和省级滨海湿地自然保护区建设稳步推进。全省国家级海洋公园达6个、省级以上海洋自然保护区达14个、海洋特别保护区达27个。

（7）涉海基础设施和公共服务能力建设逐步加强。一是完善港口集疏运体系。加快厦门东南国际航运中心和沿海核心港区建设。"十二五"期间全省新增万吨级及以上深水泊位39个，新增港口货物吞吐能力1.3亿吨，其中集装箱140万标准箱。全省煤油矿石、集装箱运输系统基本建成。"三纵六横"铁路网加快建设，向莆、合福、赣龙（复线）等铁路建成通车，东吴区、江阴港区、可门作业区等港口铁路支线先后建成。厦门海沧保税港区、福州江阴保税港区等物流园区功能和水水中转、海铁联运等业务不断拓展，飞地港、陆地港合作加快推进，借闽出海的通道效应持续扩大。二是加快海岛基础设施建设。平潭海峡大桥及复桥、琅岐闽江大桥等建成通车，福州至平潭铁路等一批重大海岛基础设施工程开工建设。实施陆岛便民工程，完善码头配套设施，更新改造海岛客运渡船，打造标准化渡船；加快海岛电网建设，保障海岛稳定用电；加快实施平潭、东山岛外调水和岛上蓄水、供水工程建设。三是加强海洋公共服务体系建设。全力推动渔港建设，"十二五"期间，全省共建设各类渔港 292 个，渔船就近避风率达到 70%。海洋监测预警体系及有关设施建设加快，新建 4 部新一代天气雷达，建成平潭、厦门翔安、宁德三沙海洋气象站以及海上大型浮标站，并首创无人机低空遥感海洋监测。

（8）闽台海洋经济合作深入推进。一是推进闽台产业合作对接。依托与台湾"三三会"建立的合作机制，加快推进产业合作并在机械、船舶等领域促成一批合作项目。闽台旅游合作进一步加强，福建赴台自由行试点城市扩大到 5 个，成为全国试点城市最多的省份。闽台金融合作优势进一步扩大，厦门两岸金融中心实体加快建设，台湾第一银行、合作金库、华南银行、彰化银行等 6 家银行分行项目在闽落地。闽台渔业合作初具规模，合作领域覆盖苗种繁育、水产养殖、水产品精深加工、渔工劳务合作以及科技合作等领域。二是深化闽台海洋综合管理领域合作。依托《海峡两岸共同打击犯罪及司法互助协议》，福建省海监机构同台湾海巡部门建立了常态化协同执法机制，2015 年组织两岸联合执法 9 次，查获违法船舶 14 艘次，共处置非法采捕红珊瑚船舶 147 艘。依托《海峡两岸海运协议》，建立了两岸搜救合作机制，多次与台湾搜救部门联合举办海上搜救演练，强化两岸海上搜救协作与配合。

（9）海洋经济对内对外开放水平不断提高。一是不断提升对外开放水平。中国（福建）自由贸易试验区正式挂牌成立。国务院批准新设漳州、泉州台商投资区和福州台商投资区扩区，厦门集美台商投资区成为福建省 4 个国家级新型工业化产业示范基地之一。海关特殊监管区域作用明显，福州保税港区（一期）通过国家验收，并被国务院批准为汽车整车进出口口岸；厦门海沧保税港区 2015 年进出口集装箱数超过 300 万标准箱，全国首个全自动化码头通过验收。二是稳步实施"走出去"战略。研究制定了《21 世纪海上丝绸之路核心区建设实施方案》。中国—东盟海洋合作中心落户厦门，中国—东盟渔业产业合作及渔产品交易平台、印度尼西亚金马安渔业综合基地更新改造、中国—东盟海洋学院 3 个项目获外交部等有关部委批准建设，中国—东盟海产品交易所正式对外公开挂牌交易。出台《福建省海外渔业发展规划（2014—2020 年）》。先后组织省内企业赴韩国、印度尼西亚、马来西亚等国参加国际藻类博览会、中国"福建周"等活动，促进企业对外拓展。三是积极开展招商引资活动。依托"9·8"投洽会、厦门国际海洋周、海峡渔业博览会等平台，加强与国内外涉海企业、海洋管理部门、商会等对接合作，引进了一批海洋生物医药、游艇制造、公共服务平台等项目，海洋领域利用外资规模质量不断提升。

（10）海洋综合管理体制逐步完善。一是加强陆海统筹管理。出台《福建省海洋功能区划（2011—2020 年）》，编制《福建省海岸带保护与利用管理条例》《福建省海岸带保护与利用规划》。

二是加快推进海域管理制度改革。省政府出台了《关于进一步深化海域使用管理改革若干意见》，提出 10 条改革措施；进一步简政放权，优化程序，将省政府审批权限的海域使用项目审核权全部下放沿海各设区市，切实将海域审核工作关口前移，提速用海审批。无居民海岛开发利用取得突破，宁德小嵛屿等 5 个无居民海岛使用项目获批。三是稳步推进海洋公共平台建设。强化部门协作，共同推进福建省海洋经济运行监测与评估系统建设，目前全省涉海法人单位清查工作完成，涉海法人单位名录库初步建立，海洋经济运行监测制度方法研究相关成果通过专家评审验收。全省海域动管系统建设完成，并通过国家验收。海域使用管理审批系统、省水产品质量安全追溯管理平台已建成并投入使用，数字海洋信息基础框架构建取得初步成效。

专栏 9 深化金融创新 助推海洋经济发展

"十二五"期间，福建省深挖金融潜力，充分利用经济杠杆，发挥财政资金的引导作用，有力地推动了本省海洋经济发展。推出福建省现代海洋产业中小企业助保金贷款业务；由省财政资金 5 000 万元引导设立首期现代蓝色产业创投基金；成立三大海洋（实业）集团公司，实现政府、银行和龙头企业的跨界大融合；政府或相关机构与金融机构签订战略合作协议，共推海洋经济发展；成立福建省远洋渔业发展基金；中国农业产业发展基金注资 4 亿元认购平潭远洋渔业集团股权，开创金融机构股权投资远洋渔业的新模式。金融创新为本省海洋经济的可持续发展注入了新的活力。

第二节　"十三五"期间重点工作

（1）优化海洋经济空间布局。按照"一带、双核、六湾、多岛"的海洋经济总体空间布局，持续推进海峡蓝色产业带建设，强化两大核心区海洋经济引领带动，高标准打造六大湾区海洋经济，合理开发特色海岛，构建优势互补、协调发展的区域海洋经济发展新格局。

（2）推动现代海洋产业发展。围绕深入推进海峡蓝色经济试验区建设，发展特色鲜明的湾区经济，进一步完善海洋产业布局，促进现代海洋产业集聚发展。优化发展现代渔业，重点发展海洋水产品精加工、远洋渔业、设施水产养殖和休闲渔业，培育一批知名海产品品牌，打造现代海洋渔业基地。培育壮大海洋生物医药、生物制品、生物材料和海洋能等产业，打造海洋新兴产业基地。加快发展海洋旅游与海洋文化创意、港口物流、航运服务、涉海金融、信息服务等，提升发展滨海旅游业，打造现代海洋服务业基地。加快建设四大船舶产业集中区，大力发展专业船舶、船用机械配套产业和海洋工程装备产业，打造高端临海产业基地。

（3）实施科技兴海战略。加强海洋科学研究机构建设，新建一批海洋高技术研发中心。整合提升省内外海洋科技资源，加快协同创新平台建设，构建海洋创新战略联盟，提升海洋科技支撑能力。着力特色海产品资源保护利用与海洋生物资源开发等关键共性技术研究和应用，打造海峡"蓝色硅谷"。加强海域、海底、岸线、海岛等测绘工作，开展海洋生物、海底矿产、海洋能与油气等资源调查和勘探开发。

（4）创新海洋综合管理体制。落实《福建省海洋功能区划（2011—2020年）》和《福建省海岸带保护与利用规划（2016—2020年）》，合理开发利用岸线、海域、海岛等资源，建立海岛、海岸带和海洋生态环境保护开发综合协调机制。强化海洋资源市场化配置，完善海域海岛资源有偿使用制度，建立海域海岛收储制度。合理控制近岸海域资源开发强度，强化闲置海域监督管理。集中集约用海，建立海域、岸线、滩涂、海岛等重要海洋资源的投资强度标准，实行差别化的用海供给政策。实施蓝色海湾整治行动计划，加强海洋环境保护和生态修复，加强陆源和海域污染控制。创新海洋综合执法体制，建设海洋事务联合联动执法平台。在闽江口、罗源湾、厦门湾、泉州湾等开展水质和环境综合整治。

第五章　天津海洋经济科学发展示范区

2012 年 6 月，经国务院同意，国家发展改革委批准天津市列入全国海洋经济发展试点地区。2013 年 9 月，经国务院同意，国家发展改革委批复了《天津海洋经济科学发展示范区规划》（发改地区〔2013〕1715 号）和《天津海洋经济发展试点工作方案》（发改地区〔2013〕1766 号）。在国家发展改革委、国家海洋局的大力支持和天津市委、市政府的高度重视下，天津海洋经济科学发展示范区建设取得了显著成效。

第一节　"十二五"期间天津海洋经济科学发展示范区建设情况

（1）政策引导和组织保障力度提高。天津市成立了由常务副市长任组长，分管副市长任副组长的示范区建设领导小组，印发了《天津市委、市政府关于建设天津海洋经济科学发展示范区的意见》，指导全市开展示范区建设工作。安排 8 亿元海洋经济发展专项资金。滨海新区政府制定出台《天津海洋经济科学发展示范区核心区建设实施方案》。天津市印发实施海洋工程装备、海水淡化与综合利用、海洋生物医药、海洋服务业 4 个专项规划，指明海洋产业发展方向。组织 8 个市级部门制定、联合印发实施促进海洋经济发展的产业、财政、金融、科技、教育人才、用海、土地 7 个方面支持政策，营造良好的政策环境。国家海洋局专门出台了《支持天津建设海洋强市的若干意见》，在海洋强市建设、海洋经济科学发展等 9 个方面提出了 30 条支持政策，为示范区及海洋强市建设提供了坚实保障。天津市海洋局与市委研究室共同开展"天津市海洋强市战略"研究，编制《天津市建设海洋强市行动计划》。编制国家海洋高技术产业基地试点实施方案，获得国家批准实施。

（2）海洋经济实现平稳较快发展。"十二五"期间，天津海洋经济总量持续扩大，海洋生产总值年均增速 10.8%（现价）。2015 年全市海洋生产总值占地区生产总值比重超过 30%，连续多年位居全国首位，单位海岸线产出规模超过 33 亿元，居于全国沿海省（区、市）前列。在经济普遍下行的大背景下，本市海洋经济逆势上扬，海洋生产总值保持快速增长，已成为全市经济发展新的增长点，在支撑助推全市经济发展中的作用不断突出。同时，海洋产业结构持续调整，已由 2010 年的 0.2∶65.2∶34.6 调整为 0.3∶58.1∶41.6。

（3）海洋产业转型升级加快。海洋经济已成为全市经济发展新的增长点，在支撑助推全市经济发展中的作用不断突出。一是海洋战略性新兴产业发展迅速，海水利用业技术和能力全国领先，海水淡化装机规模达到 31.7 万吨/日，占全国的 34.2%。海洋工程装备制造业形成集群集聚，海洋观测监测仪器产业基地加快建设，打造形成风电装备整套机组到配套零部件较为完整的产业链，海洋油气开发设备包括 400 英尺（约合 122 米）自升式钻井平台等技术取得突破。二是海洋优势产业不断壮大。海洋石油化工业发展势头良好，渤海油田年产量达到 3 000 万吨油当量，形成了从勘探开发到炼油、乙烯、化工生产的完整产业链。海洋化工业发展迅速，聚氯乙烯、烧碱、顺酐等海洋化工产品产量位居全国第一。海洋工程建筑业海外市场开拓实现较大突破。三是海洋现代服务业快速发展。天津东疆保税港区封关运作，自由贸易试验区启动建设。船舶租赁、海洋装备金融租赁迅速发展。海洋旅游产业发展日益凸显。四是海洋传统产业优化升级成效明显。依托中心渔港 6 个 5 000 吨级泊位建设，打造包括远洋捕捞、冷藏、加工、贸易、物流、观光旅游的都市型渔业产业链，建成冷库规模近 20 万吨，签约冷库规模达到 50 万吨。建成国内规模最大、技术最先进的全封闭、内循环养殖车间。海洋盐业生产机械化程度进一步提升，原盐年人均劳动生产率达到 800 吨。新港船舶重工形成了 200 万吨造修船能力，医院船、汽车滚装船等高技术、高附加值船舶订单不断增加。

（4）海洋科技支撑引领能力提升。初步建成了海洋高端工程装备、海水淡化及综合利用、海洋工程、海洋环保、生物医药 5 个方面的科技创新体系，取得了海水淡化膜技术、海洋大型工程装备制造等一批具有国际国内先进水平的科技成果。天津市组织

图 17　天津北疆电厂日产 20 万吨海水淡化装置

开展海洋科技自主创新，2013—2015 年，累计投入科技兴海专项经费 8 500 万元，共批准科技兴海项目 100 项，带动企业和科研院所等配套经费 3 亿余元，预计形成经济效益 14 亿元以上，共获批国家海洋公益性科研专项项目 6 项，国家支持经费 1.1 亿元。实施海洋经济创新发展区域示范专项，累计完成投资 11.97 亿元，转化成果 56 项。国家海洋局海水淡化与综合利用研究所在临港经济区建设海水淡化与综合利用创新及产业化基地。南开区、天津大学和国家海洋技术中心联手打造海洋产业协同创新基地，天津大学与主要海洋工程装备企业开展研发与产业化对接。天津海华开发中心研发的海洋观测台站、实验室盐度计等产品占领国内市场。天津市人力资源和社会保障局将海洋经济人才需求纳入天津市《高层次人才引进计划》和《紧缺人才目录》。

（5）海洋金融创新步伐加快。探索设立海洋经济发展引导基金，充分发挥、有效放大财政资金的引导作用和撬动效应，财政资金出资 2 亿元，拟参股海洋工程装备、海水淡化等海洋产业投资基金，预计形成超过 300 亿元项目投资规模。推进开发性金融促进海洋经济发展试点，加强与国家开发银行天津分行合作，多次组织召开海洋经济产业金融推介交流会、"两行一基金"政策和申报宣介会。加强与金融机构合作，组织动员工商银行、建设银行、招商银行、平安银行等商业银行，开发新型海洋金融产品，加大对海洋经济的融资支持力度。充分发挥渤海产业基金、涉海保险等金融机构作用，利用好"两行一基金"、装备制造融资租赁等支持政策，积极探索促进海洋经济发展的新路径。融资租赁发展迅速，渤海租赁业务范围包括船舶、集装箱、高端设备等全部租赁领域，集装箱租赁业务覆盖全球六大洲 80 多个国家。开展海域资源市场化配置，共办理海域使用权抵押贷款业务 17 宗，帮助企业完成海域使用权抵押融资约 21.7 亿元。

（6）海洋资源集约利用和生态环境保护有效加强。一是加强海域使用管理。严格用海审批、论证管理，实行用海项目全流程管理。节约使用海域资源，强化围填海计划管理，实施围填海项目计划指标管理制度，有效控制围填海规模。集约利用海域资源，加强海域使用精细化管理，在全国率先实行建设项目用海规模控制指导标准，提高项目用海门槛。建设南港工业区、临港经济区、天津港主体港区、中新生态城滨海旅游区、中新生态城中心渔港、塘沽海洋高新技术开发区六大海洋产业功能区，严格按照功能分区引导项目落位。二是加强海洋环境管理。加强海洋环境保护，强化陆源入海污染物总量控制，探索建立陆源污染物排海总量控制制度。实施《天津市海洋环境保护规划》，发布《天津市海洋生态红线区报告》。加强海域、海岸带环境整治和修复，组织实施"滨海旅游区海岸修复生态保护项目"等整治修复项目。推动建立海洋生态补偿制度，实施《天津市海洋（岸）工程海洋生态损害评估方法》。提升海洋生态环境监管能力，加强塘沽、汉沽、大港三个海洋环境监测站点建设。三是推行公用工程岛多联产模式，整合热电、海水淡化、工业气体、污水处理企业，实现上下游企业间工业废弃物向原材料的循环转换，形成"资源—产品—再生资源"的循环经济模式。

专栏10　海洋工程装备制造业形成集群集聚

"十二五"期间，天津市以海洋高端装备制造为重点，全面贯彻落实"中国制造2025"，发挥海洋工程装备制造业基础雄厚优势，培育形成了海洋经济新的增长点。出台《天津市海洋工程装备产业发展（2015—2020年）专项规划》；通过海洋经济创新发展区域示范项目，重点扶持海洋工程装备制造业发展壮大，2014—2015年共支持海洋工程装备制造项目30项，补助专项资金2.9亿元，项目总投资12亿元；推动临港经济区海洋工程装备制造基地、塘沽海洋高新区海洋高端装备制造产业园建设；加大金融创新支持力度，推动泰富重装滨海公司建立50亿元规模的海洋工程装备产业投资基金，对海洋装备企业融资租赁费用给予补贴。

> **专栏 11　海水综合利用循环经济走在全国前列**
>
> 　　以北疆电厂为龙头，推广"海水工业冷却—海水淡化—浓海水制盐—提取化学原料—废料生产建材"的海水综合利用循环经济产业链，加快建成国家级海水综合利用示范城市。一是印发了《天津市海水资源综合利用循环经济发展专项规划（2015—2020 年）》，全面部署了海水淡化及综合利用的任务和措施。二是积极引导北疆电厂、大港电厂等海水淡化企业使用海水作为工业冷却水。三是提高浓海水制盐能力，汉沽盐场承接北疆电厂淡化后的 5.4 波镁度浓海水 8 740 万立方米，年均生产精制盐 26 万吨，且减少了盐田面积，节约了土地资源。四是促进海洋化工向精细化工升级，加大钾、溴、镁、锂、铷等元素的提取力度。2015 年，溴素产量达到 1.7 万吨、氯化钾产量达到 1.4 万吨、氯化镁产量达到 12.8 万吨。实现了淡水资源的零输入、零开采和浓海水的零排放，被列为全国循环经济发展试点。

第二节　"十三五"期间重点工作

　　（1）大力发展海洋先进制造业。紧密结合"中国制造 2025"行动纲领，以市场需求为导向，以重大技术创新为支撑，促进

"互联网+"与海洋高新技术深度融合，壮大发展海洋工程装备制造业、海水利用业和海洋工程建筑业，培育发展海洋药物和生物制品业以及海洋可再生能源业，绿色发展海洋石油化工和盐化工，建设成为国家级海洋先进制造业基地。

（2）积极发展海洋现代服务业。加快发展生产性服务业和生活性服务业，大力发展海洋交通运输业、滨海旅游业，积极发展涉海金融服务业、海洋信息与科技服务业，提高海洋服务业规模和水平，保障海洋经济持续健康发展。

（3）深入推进科技兴海。大力推进海洋科技创新，推动实施体制机制改革，优化海洋科技创新环境，加快海洋科技攻关和海洋科技创新体系建设，突破重点领域核心关键技术，推动海洋科技向创新引领型转变，建成全国海洋科技创新和成果高效转化集聚区。

（4）加强海洋生态文明建设。强化各类海洋污染防控力度，有效遏制近海海洋环境恶化趋势，推进海洋环境监测评价体系建设，完善监测服务产品，加大海洋环境整治和生态修复力度，逐步恢复海洋生态功能，提高海洋生态承载力。

（5）高效集约利用海域岸线资源。编制实施海洋主体功能区规划，打造生产、生活、生态相互协调的海洋空间格局。坚持节约集约用海，加强海域使用管理，健全海域使用机制，推动海域市场体系建设，严格执行海洋功能区划制度，强化围填海及重大建设项目用海管理，规范海域使用秩序，提高海域使用效率，保障重点项目合理用海需求。

（6）加快发展海洋社会事业。加强海洋灾害应急能力建设，提高防灾减灾能力和水平。大力发展海洋教育，加强高层次创新型人才培养和引进，发挥各类海洋人才作用。加强海洋文化宣传，营造海洋文化发展氛围，提高海洋事业发展的软实力。

（7）推进海洋领域法治建设和治理能力现代化。全面推进依法治海、依法护海，建立健全海洋法规体系，深化海洋管理体制机制改革，逐步健全政务公开、法律顾问、社会监督等保障体系。完善海洋行政执法与监督机制，依法严肃查处各类违法违规行为，不断提高海洋依法行政能力和海洋综合管理水平。

第三篇　其他沿海地区海洋经济发展情况

第一章 辽宁省

第一节 主要成就及举措

（1）海洋经济发展总体趋势良好，区域开放平台建设取得新突破。"十二五"期间，辽宁省海洋经济总量持续快速增长，海洋生产总值年均增速达到9.2%（现价）。2015年，全省海洋生产总值占全省地区生产总值超过14%，成为推动区域经济发展的重要引擎。辽宁沿海各市结合自身优势，建立了各具特色的区域开发开放平台。金普新区、大连中日韩循环经济示范区基地得到批复，丹东边境合作区、营口中韩自由贸易示范区建设正在稳步推进。2015年，沿海六市外商直接投资额334 182万美元，占全省的64.4%。

（2）海洋产业结构不断优化，发展方式不断转变。"十二五"期间，辽宁省不断加大海洋产业结构调整力度，初步形成特色突出、优势互补、充满活力的海洋产业发展格局。大力实施现代海洋渔业重点工程，海洋渔业综合效益不断提升，2015 年渔民人均收入达到 16 639 元，年均增长 6.2%。积极打造现代海洋产业园区，石化、造船、装备制造业、电子信息等传统支柱产业发展迅速，不断提升海洋第二产业自主化、规模化、品牌化和高端化水平，使辽宁海洋工程、核电装备等战略新兴产业生产能力居全国首位。涉海科研、旅游、交通、金融服务业等海洋第三产业的拉动和引领作用日益突出，呈现集聚发展态势，大连旅顺南路软件产业带成为全国首个软件和服务外包产值过千亿元的产业集群。海洋三次产业结构由"十一五"末、2010 年的 12.0∶43.2∶44.8，转变为 2015 年的 9.9∶34.6∶55.5。

（3）基础设施建设不断完善，海陆联运能力显著提高。通过加快推进区域发展战略和城镇化，积极整合港口资源，加大铁路、公路、港口、机场等基础设施互联互通建设力度，海陆联运能力显著提升。截至 2015 年年底，全省沿海新增 76 个生产性泊位，累计达到 410 个；新增吞吐能力 1.52 亿吨，累计达到 5.7 亿吨。初步核算，2015 年全省沿海港口货物吞吐量完成 10.5 亿吨，年均增长 9.1%；集装箱吞吐量完成 1 900 万标准箱，年均增长 13.7%，货物、集装箱吞吐量和增速均处于全国沿海省份前列。积极对接"一带一路"国家开发开放战略，开通了"辽满欧"铁路专列、"辽海欧"和北极航线，实现了辽鲁陆海货滚甩挂联合运输，建立了运输物流信息平台。

（4）海洋综合管理不断强化，重大项目用海得到有力保障。紧紧围绕沿海经济带开发建设，全面加强海洋综合管理和服务。新修订的海洋功能区划获国务院批准，有效促进了海域资源节约

图 18　大连港

集约利用，有力地保障了国家和省重大项目用海。持续开展了海域、海岛生态修复整治，建立了海洋生态红线制度，近岸海域环境状况持续好转。海洋执法队伍得到有效整合，执法设施整体改善，组织实施了"碧海""海盾"等专项执法行动，海洋开发秩序得到有效维护。科技支撑日益增强，实施科技兴海兴渔战略，搭建科技创新及成果转化平台，海洋战略性新兴产业快速发展，产值年均增速达 10%，渔业科技资金投入增长 86%，科技贡献率达到 58%。

专栏12 "刺参健康养殖综合技术研究及产业化应用"
项目取得显著成效

"刺参健康养殖综合技术研究及产业化应用"项目从1978年开始，由辽宁省海洋水产科学研究院主持，中国水产科学研究院黄海水产研究所、大连海洋大学、中国海洋大学、山东省海洋生物研究院等单位参与完成，针对刺参养殖无苗种、无良种、无养殖技术等难题，开展了刺参重要的生物学和生态学研究，突破了刺参规模化人工苗种繁育关键技术，创建了刺参良种培育技术体系，构建了刺参高效健康养殖模式，推动刺参养殖成为年产量19余万吨，年产值近300亿元的新兴海水养殖业，为我国海水养殖业的科技进步和产业结构调整做出了巨大贡献。

第二节　下一步重点工作

（1）着重谋划产业布局，全面促进海洋经济发展。一是优化海洋开发布局。主动对接"一带一路"、京津冀协同发展战略，深入实施海洋强省战略，紧紧围绕沿海生态带、产业带、城镇带、旅游带建设，加大陆海统筹力度，规划确定海域主体功能区，科学开发海洋资源，以构建低消耗、低污染、高收益海洋产业体系为方向，以培育战略性新兴海洋产业为增长点，以发展海洋优势产业集群为重点，主动为海洋产业发展做好服务，促进海洋经济实现可持续发展。二是促进海洋产业升级。以市场为导向，以产业园区为依托，以重点项目为载体，以技术创新为动力，加快传统产业改造升级，推进各产业从规模型向质量效益型转变。不断巩固壮大海洋工程装备制造业，大力发展邮轮游艇、海水利用产业，扶持培育海洋药物和生物制品业，努力形成一批全国领先的产业集群。大力发展海洋交通运输、滨海旅游和文化产业，积极发展涉海金融服务和公共服务业，推进海洋资源由生产要素向消费要素转变。

（2）着重确保用海需求，全力服务沿海经济带建设。一是保障重大项目用海。优先确保沿海重点港口、东北亚航运中心、省市重大建设项目、重大民生工程项目用海需求。坚决控制高污染、高消耗、高排放、产能过剩项目的用海，控制低水平重复建设和同质化恶性竞争项目。二是全面实施"十三五"各项规划。组织实施好全省海洋与渔业发展"十三五"规划，以及海洋、渔业、环保、科技、渔港建设等各项专业规划。编制完成《辽宁省海洋主体功能区规划》，推进实施市级（绥中县）海洋功能区划和养殖用海规划，严格落实海岛保护规划。

（3）着重盘活存量，科学管控海域资源。一是集约节约利用资源。更加注重资源的优化配置，强化海域使用新理念，实行有保有限的差别化供给政策，着力盘活填海存量，适当控制增量，合理配置年度围填海计划指标。加强用海五个环节审查，实施一票否决。严格控制自然岸线占用，保护自然生态岸线，打造亲水岸线，构建科学合理自然岸线格局。推进海域海岛资源市场化配置新机制。二是推动管理制度创新。调整并完善辽宁省用海预审制度，实行项目用海岸线审查制度，探索填海项目岸线规划优先制度，做好不动产登记相关推进工作。三是加强海岛保护与管理。实施生态海岛保护修复工程，规范海岛开发利用秩序，严格落实海岛保护规划制度，开展省级海岛保护规划实施情况评估。

（4）着重保护与修复，全面建设海洋生态文明。一是全面加强海洋环境保护。全面落实本省海洋生态文明建设行动计划，组织指导沿海各市制订实施方案。继续创建海洋生态文明示范区，完善海洋生态红线制度，开展黄海海洋生态红线区的选划工作。二是推进生态修复工程。开展"退养还湿""退养还滩""退养还绿"等蓝色海湾整治行动，着力推进辽东湾蓝色海洋综合整治修复工程，不断拓展亲水空间，恢复自然生态。全面完成蓬莱19-3溢油生态修复工程。

第二章　河北省

第一节　主要成就及举措

（1）海洋经济总体实力稳步提升。河北省海洋经济总量持续较快增长，在国民经济中的地位和作用进一步增强。"十二五"期间，河北省海洋生产总值年均增长 12.3%（现价），高于同期全省生产总值增速 4.4 个百分点，海洋生产总值占全省地区生产总值比重接近 7%，比 2010 年提高 1.3 个百分点。

（2）海洋经济区域布局日趋合理。按照陆海统筹发展要求，推动生产要素由内陆向沿海转移，初步构建了布局合理、功能明确、竞争有序、科学高效的海洋经济开发格局。秦皇岛海洋经济区、唐山海洋经济区和沧州海洋经济区错位联动发展，海岸带、临岸海域、近海海域科学有序开发利用机制初步建立，曹妃甸区、渤海新区和北戴河新区经济增速高于沿海其他市县平均水平，示范带动作用日益凸显。

（3）海洋产业结构持续优化。海洋三次产业结构由 2010 年的 4.1：56.5：39.4 调整到 2015 年的 3.7：45.7：50.6，第三产业比重提高 11.2 个百分点。海洋渔业加快调整生产结构和布局，着力推行生态、健康养殖模式，外向型海洋渔业优势养殖带初步形成。海洋新兴产业不断壮大，海洋工程装备制造产业体系逐步完善，秦皇岛、唐山、沧州三大海洋装备制造基地初步形成，大型船舶修理、海洋风车安装船等优势主导产品在国内外市场具有较高知名度和市场占有率。海水利用能力增强，河北国华沧东发电有限公司、大唐王滩电厂、首钢京唐钢铁厂等海水设备建成投运，海水处理能力占全国 1/4。沧州渤海新区列入全国首批"海水淡化产业发展试点园区"。

（4）海陆空立体交通网络建设全面推进。港口建设实现跨越式发展，截至 2015 年，全省沿海港口生产性泊位达到 191 个，设计能力突破 10 亿吨，比 2010 年增长近 1 倍，跃居全国第 2 位。集疏运体系不断完善，津秦客运专线、邯黄和张唐铁路、沿海和唐曹高速建成通车，京沪高速、唐曹和水曹铁路建设加快，唐山机场、北戴河机场建成通航。

（5）海洋生态环境保护力度显著增强。海洋污染防控初见成效，关停污染企业、淘汰落后产能、推广健康养殖、实施船舶油污水"零排放"等重点措施全面实施，海洋工业污染和农业面源污染得到初步控制。重点海域、岸滩、海岛、海岸带生态修复持续推进，受损海洋资源和海洋生态功能得到初步恢复。省、市、县三级海洋环境监测体系不断健全，全省海洋灾害远程在线监视系统初步建立，海洋灾害应急预警报能力进一步提高。

图 19　曹妃甸港

第二节　下一步重点工作

（1）强化海洋经济政策支持。对海洋经济重大项目优先立项，积极争取国家在重大产业项目规划布局上给予倾斜。推动天津自贸区和中关村国家自主创新示范区政策率先向河北省沿海地区延伸。建立海洋产业发展专项基金，对重大基础设施和重点项目给予财政补助。重点支持有利于海洋经济发展的基础性、公益性项目建设。

（2）优化海洋资源配置管理。编制实施《河北省海洋主体功能区规划》。加快修编《河北省海洋功能区划》，实行海洋功能区划动态管理。完善海域资源市场化出让配套制度，推动海域资源配置市场化、管理精细化、使用有偿化。落实海岸线保护与利用规划，理顺岸线开发利用保护管理机制，提高岸线保护利用水平。严格控制围填海规模，改进围填海造地方式，强化围填海监督管理。合理布局海洋生产、生活、生态空间，推进陆海空间开发保护协调衔接，提高海域海岛资源利用效率。

（3）推进海洋生态保护修复。提升昌黎黄金海岸国家级自然保护区、乐亭菩提岛诸岛和黄骅古贝壳堤等省级自然保护区管护能力，推进建立黄骅滨海湿地和滦河口湿地等海洋特别保护区（海洋公园）、北戴河国家级海洋公园，保护典型海洋生态系统。加快海域、海岛、海岸带整治修复，重点实施北戴河生态建设和功能疏解提升工程，继续开展沙质侵蚀岸滩修复、淤泥质海岸带生态重建、海水养殖区整治修复、海岛综合整治修复、入海河流河口生态治理、滨海湿地保护修复等系列工程，逐步改善海域、海岛、海岸带生态功能。

（4）加强海洋科技创新。加强海洋高新技术研发、试验、成果转化平台建设，促进海洋经济关键技术转化。完善人才引进政策，加强与国内外海洋科研院所人才交流与合作，壮大海洋科技人才队伍，提高科技创新和产业开发能力。推进海洋能源资源、工程装备制造、环境保护、通信导航等领域关键技术研发，着力攻克海水淡化大型成套装备、贝类功能性产品加工、海产品加工废弃物高价值利用、海岸带生态环境修复等关键技术，支撑海洋新兴产业发展。

（5）深化海洋经济交流合作。加强国际交流与合作，引导涉海企业开展跨国经营，提高招商引资和外资利用水平。加强与京津战略合作，积极承接京津产业向河北省沿海地区转移，支持和鼓励京津骨干企业参与河北省海洋经济发展，共同建设海洋经济示范区。强化环渤海地区合作，促进区域经济协调联动、错位发展。推进与晋、蒙、豫、陕、甘、宁等地区互动，扩大口岸与纵深腹地直通和服务范围，提高交流合作广度和深度。

第三章　江苏省

第一节　主要成就及举措

（1）海洋经济总量稳健增长，结构更趋合理。"十二五"期间，面对经济下行压力，江苏省海洋经济总量保持平稳较快增长，海洋生产总值年均增长 11.4%（现价），高于同期全省地区生产总值增长速度 0.3 个百分点，海洋生产总值占地区生产总值比重保持在 8% 左右，对区域经济发展支撑带动作用显著。海洋经济三次产业结构不断优化，由"十一五"末的 4.6∶54.1∶41.3，调整为"十二五"末的 5.8∶50.9∶43.4，海洋第一产业和第三产业比重明显提升，海洋第二产业比重有所下降。

（2）海洋新兴产业发展加快，转型升级成效显著。海洋经济逐步从规模速度型向质量效益型转变。海洋传统产业稳定增长，"十二五"末，海水产品产量 144.8 亿吨，年均增长 1.1%。远洋渔业产量 4.5 亿吨，年均增长 3.4%。海洋休闲渔业快速兴起，已成为海洋渔业的新增长点。海洋战略性新兴产业蓬勃发展，中远重工、振华重工、招商局等已经成为世界海洋工程装备龙头企业。海水淡化和综合利用产业发展迅速，我国自主研发的世界上首台大规模风电直接提供负载的"孤岛运行控制系统"在大丰开始运行。海洋药物与生物制品产业集聚显著，形成连云港、盐城、南通、沿江地区各具特色的海洋药物与生物制品产业集聚区。海洋新能源利用快速发展，沿海地区海上风电装机容量已达到46.6兆瓦，规模位居全国首位。海洋服务业带动效应明显，为海洋经济发展提供有力支撑，港口货物吞吐能力和服务功能明显提升，"十二五"末沿海沿江港口完成货物吞吐量17.9亿吨，是"十一五"末的1.4倍。滨海旅游业蓬勃兴起，滨海旅游接待人次逐年提高。

图20 如东海上风电设施

（3）园区建设加速，产业集聚发展。南通以滨海园区建设为重点的通州湾建设不断加快，园区成为南通沿海开发和海洋经济发展的重要载体。以盐城的滨海新区、连云港徐圩新区、经济技术开发区、赣榆海洋经济开发区为代表的涉海经济新区建设全力推进，一批产业化、特色化的临海产业园区已经初具规模。以海洋工程特种装备、海洋药物与生物制品、海洋电子信息为代表的海洋经济专业园区快速集聚。首批海洋经济创新示范园区已经在省级示范推广。

（4）港口建设加快推进，基础设施更趋完善。一批重点港口建成投入运营。连云港港 30 万吨级航道一期工程全面建成，徐圩港区、洋口港区、滨海港区 10 万吨级航道建成通航，响水港区获批临时开放，连盐、沪通、连淮扬镇铁路开工建设，徐宿淮盐铁路获批建设。全长 530 千米的江苏临海高等级公路全线建成通车，"三纵五横"干线公路网络基本建成。长江南京以下 12.5 米深水航道延伸到南通。滩涂围垦开发步伐加快。到"十二五"末沿海地区共完成滩涂框围 51 万亩（合 340 平方千米），为沿海港口建设、产业布局、城镇发展拓展了新空间。

第二节　下一步重点工作

（1）做好海洋经济相关规划编制工作。编制完成《江苏省"十三五"海洋经济规划》及《江苏省"十三五"海洋事业发展规划》，使其成为指导全省未来五年海洋经济和海洋事业发展的行动纲领。完成《江苏省海洋主体功能区规划》编制工作，以进一步优化全省海洋空间开发格局，保护海洋生态环境。

（2）继续抓好海洋经济创新发展区域示范建设。在不断完善项目各项管理制度的同时，积极做好引进第三方评估机构有关工作，加快建立检查、监管、考核的常态化运行机制。做好年度项目立项和实施工作，会同多部门联合征集一批以海洋经济创新示范园区、产业集聚区等为载体的优质项目，采取直补、贴息等多种方式集中支持，进一步放大区域示范效应和影响力。根据《江苏省海洋经济创新示范园区认定管理办法》有关规定，认定和建设一批海洋经济创新示范园区，培育具有较强支撑作用的海洋经济创新发展载体。

（3）做好开发性金融促进海洋经济发展试点。深化与国家开发银行江苏分行、省农行、省邮储银行等金融机构战略合作，做好项目筛选、评审工作，推进金融支持全省海洋经济发展。会同国家开发银行江苏省分行积极落实开发性金融支持海洋经济发展的文件要求，做好试点项目筛选、评审和上报。加强双方在海洋经济领域的合作与交流，共同提升江苏省海洋经济发展水平。

（4）加快推进海洋生态文明建设。深入推进实施《江苏省海洋生态文明建设行动方案》。建立海洋生态红线制度，组织编制《江苏省海洋生态红线区域保护规划》。推进海洋生态补偿和损害赔偿制度建设，制定出台《江苏省海洋生物资源损害赔偿和损失补偿评估办法》。以省级生态文明示范区建设为主线，强化海洋生态建设。精心实施好南通市、东台市国家级海洋生态文明建设示范区。

（5）继续强化海域海岛管理。加强围填海管理，明确禁填限填要求，积极盘活已批围填海区域存量。开展自然岸线和海岛开发保护情况调查，摸清底数。全面推进海域使用权"直通车"制度实施，加快研究制定相关配套管理措施。加强海岛保护，完成赣榆区秦山岛保护与开发利用示范工程，启动实施连云区羊山岛生态保护修复工程，推进其他海域和海岛整治修复及保护项目的实施。做好领海基点保护工作。

第四章 上海市

第一节 主要成就及举措

（1）海洋经济总体持续向好发展。"十二五"期间，上海市海洋经济生产总值年均增速5.2%（现价）。2015年，全市海洋生产总值占地区生产总值超过26%。海洋产业结构不断优化，2015年海洋三次产业结构比为0.1∶35.3∶64.6。海洋渔业等第一产业基本稳定，船舶工业、海洋工程装备制造等第二产业比重与期初相比略有下降，海洋交通运输、滨海旅游等第三产业比重逐步提升。

（2）主要海洋产业快速发展。经过多年发展，上海市已逐步形成以海洋船舶工业、海洋交通运输业、滨海旅游业等传统产业为支柱，海洋生物医药业、海洋电力业等新兴产业为发力点的产业体系。"十二五"期间，上海海洋船舶工业重点围绕高端船舶实施创新发展，2015年全市海洋船舶工业总产值673.41亿元，海洋造船完工量102艘、851.19万综合吨，修船完工量1 018艘。

外高桥造船有限公司、沪东中华造船（集团）有限公司交付的多艘船舶均达到国际水平。海洋交通运输业相对平稳，2015年全市港口货物吞吐量达到7.17亿吨，集装箱吞吐量3 653.7万标准箱，超额完成"十二五"发展目标。同时，现代航运服务业、海上风电等发展较快，中国首个航运和金融产业基地在上海浦东的陆家嘴正式启动，华泰财产保险有限公司开业成为中国（上海）自由贸易试验区成立后第一家航运保险中心；东海大桥一期、二期工程共20万千瓦已实现正常运行并网发电。海洋生物医药、远洋渔业等具备较大发展潜力，成立了海洋生物医药工程技术研究中心，海洋传统药源生物的中药新药开发等项目加紧研究；上海海洋大学"国家远洋渔业工程技术研究中心远洋渔业战略研究室"正式挂牌成立，2015年全市远洋渔业产量达到145 679吨，丰富了国内市场。

图21　7 500吨海上重型起重装备全回转浮吊

（3）海洋产业布局进一步优化。海洋产业布局逐步从黄浦江两岸向长江口和杭州湾沿海地区转移，逐步形成临港海洋产业发展核、长兴岛产业发展核，杭州湾北岸产业带、长江口南岸产业带、崇明生态旅游带，北外滩、陆家嘴、张江地区等多个特色区域的"两核三带多点"海洋产业布局，各区域之间特色明显，优势互补，集聚度高，协同推进海洋经济发展。

（4）海洋经济政策不断丰富。"十二五"期间，上海市先后出台了《上海市海洋战略性新兴产业发展指导目录》《上海市加快国际航运中心建设"十二五"规划》《关于本市推进海洋渔业发展和建设的若干意见》《上海市可再生能源和新能源发展专项资金扶持办法》《市政府办公厅印发本市贯彻<国务院关于促进旅游业改革发展的若干意见>行动计划（2015—2017 年）的通知》等多项产业政策措施，同时依托上海市海洋经济发展联席会议等平台开展海洋经济政策研究的协调沟通等工作，多角度、全方位促进上海海洋经济持续健康发展。

专栏 13　"海洋石油 981"等海洋产业高新技术研究取得突破

由中国船舶工业集团公司第七〇八研究所设计、上海外高桥造船有限公司承建的"海洋石油 981"是中国首座自主设计建造的第六代深水半潜式钻井平台，荣获 2014 年国家科技进步特等奖。2012 年 5 月在南海海域正式开钻，标志着中国海洋石油工业的深水战略迈出了实质性的步伐。此外，液化天然气（LNG）船关键技术研究和 LNG 海上转运系统技术研究课题获得国家"863"计划立项，深远海工程装备系列材料关键制备技术及其国产化开发研究项目列入国家海洋局公益性科研专项，钻井船关键技术研究和起重铺管船研究成果带动了产业发展。

> **专栏 14　积极推进海洋产业工程研究中心和海洋产业基地建设**
>
> "十二五"期间，上海市海洋局聚焦海洋产业需求，推动高校和科研机构加强合作交流，挂牌成立了上海市海洋局河口海岸及近海工程技术研究中心、深海装备材料与防护工程技术研究中心、海洋生物医药工程研究中心、上海市海洋局海洋测绘工程技术研究中心；通过国家和上海市相关专项积极支持工程研究中心开展创新研究和业务建设；积极推进临港海洋高新技术产业基地、长兴海洋科技港、上海化工区等涉海产业基地发展。

第二节　下一步重点工作

（1）对接服务国家战略，开展"21世纪海上丝绸之路"专题研究。研究提出上海在"21世纪海上丝绸之路"战略中的愿景和总体定位，结合"建设海洋强国"战略，重点研究上海海洋事业在"21世纪海上丝绸之路"建设中的重点领域和发展方向。同时，发挥中国（上海）自由贸易试验区和具有全球影响力的科技创新中心建设等优势，在海洋经济投融资、海洋科技创新国际合作、海洋文化交流与教育等重点领域开展深入研究论证，提出工作思路、重点内容和行动方案。

（2）调整海洋产业结构，补齐产业发展短板。积极培育具有海洋特色的新业态、新模式。大力发展海洋战略性新兴产业，开展《上海市深远海域海上风电重大示范项目前期研究》，发展张江海洋生物医药产业，鼓励、支持相关园区企业开展海洋高技术的研发、生产和成果转换。加速推动陆家嘴高端航运服务业发展，积极引进一批国际知名航运功能性机构、航运保险组织以及大型航运企业总部，完善航运服务业产业链。加快推进海洋渔业转型升级，推进横沙国家一级渔港发展，打造成为渔业综合营运服务商（平台）、上海国际鱼品营运中心、上海长兴岛渔港经济园区"三位一体"的综合性平台。

（3）推进开发性金融支持海洋经济发展试点工作。进一步加强与国家开发银行上海分行的工作协调，签署战略合作框架协议，开展融资平台建设和市场化运行机制的研究探索，切实解决融资风险分担、融资平台建设运行等难点问题；开展企业调研和项目征集，在严格把关的基础上，建立项目库，进一步配合国家做好项目论证、评审和推荐工作。

（4）提升促进海洋经济发展的能力。依托上海市海洋经济发展联席会议平台，加强与各涉海部门的沟通，协调各涉海部门工作配合，协同推进贯彻实施《关于上海加快发展海洋事业的行动方案（2015—2020 年）》。加强与重点海洋产业园区、大型涉海企业的沟通交流，调研分析涉海企业和科研机构在融资、技术、政策、产业化、人才等方面的需求，发挥海洋部门在信息、市场、科技对接中的服务作用，全面提升上海市海洋经济发展能力。

（5）提升海洋科技自主创新能力，加强海洋科技攻关。强化创新主体的专利工作机制，鼓励海洋科技企事业单位申报专利工作试点示范项目，推动专利战略制定，建设专利数据库和预警平台，推进专利管理标准化，加大专利维权力度。聚焦海洋领域关键技术和装备，推动深海钻井船、水下油气生产系统等领域关键技术和装备的研发和产业化。

第五章　广西壮族自治区

第一节　主要成就及举措

（1）海洋经济发展取得长足的进步。广西壮族自治区政府高度重视海洋经济发展，提出了"加快建设海洋经济强区的实施方案"，带动广西海洋经济实现平稳增长，"十二五"期间全区海洋生产总值年均增速达到 14.8%（现价），海洋经济对地区经济的贡献作用进一步提高，2015 年广西海洋生产总值占全区地区生产总值比重高于 6.5%，比 2010 年提高 0.7 个百分点。海洋三次产业结构持续优化，由 2010 年的 18.2∶40.6∶41.2 调整到 2015 年的 16.9∶36.2∶46.9。

（2）海洋渔业发展稳步向前。"十二五"以来，广西海洋捕捞保持稳定，海水养殖生产形势良好。海洋渔业在全区海洋经济中占主导优势。高效渔业、特色渔业、生态渔业、远洋渔业、海产品加工业进一步发展的同时，完善和拓展了渔港功能，提高了渔港作为捕捞后方补给基地的保障能力和渔船防灾减灾能力，加强了海洋渔船安全救助信息系统、产品质量安全监管体系建设，完善了水产品质量安全检验检测网络，同时进一步建立和完善了自治区、市、县三级水产养殖动物病害测报和远程诊断网络。

（3）海洋交通运输业平稳增长。"十二五"以来，广西着力加大沿海港口码头建设，全区沿海港口生产总体保持平稳增长态势，发展势头良好，主要生产指标仍持续较快增长，主要表现为货物吞吐量持续较快增长。2015年沿海港口货物吞吐量2.05亿吨，与2011年相比增长了34%。

图22　广西防城港港（韦均树 摄）

（4）滨海旅游业规模发展迅速。"十二五"期间，广西依托海洋特色旅游资源，发展多样化旅游产品，在保证可持续发展的前提下，大力实施旅游精品战略，发挥北部湾海洋经济区滨海条件独特、文化内涵深厚、生态环境良好的优势，加快滨海旅游业建设步伐，提升滨海旅游功能，增加滨海旅游业产业强度与经济效益。

（5）船舶及海工产业取得新突破。"十二五"期间，广西大力支持船舶修造和海工产业发展，出台《广西壮族自治区修造船及海洋工程装备工业调整和振兴规划》，着力推进中船钦州大型海工修造及保障基地、防城港海森特海工装备制造基地、防城港海工装备制造园区等项目建设，船舶修造和海工产业进入快速发展期。

第二节　下一步重点工作

（1）完善海洋经济空间布局。完善钦州、北海、防城港三市差别化错位发展的特色海洋产业带，把握开发节奏，保持开发强度，形成合理有序的开发格局，初步构建形成一系列海洋新兴产业集聚区。

（2）加快海洋生态文明建设。全面开展海洋生态保护与修复工作，有效保护海洋环境和珍稀物种，全面、有效监控重要海洋生态系统、重点海域污染物排放总量，争取将一个沿海城市列入国家级海洋生态文明示范区。

（3）强化金融对海洋经济的支持。探索设立北部湾自贸区"一带一路"投资基金，引进社会资本推动"一带一路"项目建设。完善落实国家和自治区开发性金融促进海洋经济发展试点。鼓励和促进民间资本通过 PPP（Public-Private-Partnership，公私合作）等模式参与涉海基础设施建设。鼓励和引导社会资金投向海洋经济发展领域。探索建立自治区级和市级海洋产业发展担保基金，搭建银企合作平台，建立海洋融资项目信息库，引导银行业金融机构采取项目贷款、银团贷款多种形式满足海洋产业资金需求，投入海洋新兴产业、现代海洋服务业、现代海洋渔业等特色优势产业。

（4）创新海域海岛管理方式。建立完善广西海域和无居民海岛使用权市场化配置及流转管理制度，实行海域和无居民海岛使用权招拍挂，探索海域使用权抵押贷款制度。探索海域及海岛收储管理和集约节约用海审批办法，积极简政放权、扩权强县、优化简化审批流程，增强用海用岛保障能力。

第六章　海南省

第一节　主要成就及举措

（1）海洋经济实现快速发展，对地区经济贡献度增强。"十二五"期间，海南省海洋经济保持了高速增长态势，年均增速达到12.5%（现价），初步形成了以海洋渔业和滨海旅游业为支柱的较为全面的海洋产业体系，全省海洋生产总值占地区生产总值比重始终保持在25%以上，位居全国前列。海洋三次产业结构呈现不断优化的趋势，2015年海洋三次产业结构为23.9∶20.0∶56.1。

（2）海洋产业布局日趋合理，海洋支柱产业发展较快。海南省按照因地制宜、突出重点、循序渐进的原则，布局发展海洋产业，逐步形成了以海口市为中心的北部综合产业带、以三亚市为中心的南部休闲度假产业带、以洋浦经济开发区和东方工业园区为主体的西部工业产业带和围绕"博鳌亚洲论坛"的东部旅游农业产业带。四大海洋产业带特色突出、结构完整、运行良好。海洋渔业稳定增长，通过内涵式、集约式发展继续保持稳定增长态势，水产品产量稳步增长，成为支柱产业；滨海旅游业发展较快，成为新的增长点；海洋交通运输业稳中有进，全省旅客和货物吞吐量不断增长，初步形成"四方五港"格局。

图23　深水网箱养殖

（3）科学开展海洋生态文明建设，强化海洋生态环境保护。坚持把海洋生态环境作为"生态文明省"建设的重要内容，不断加大海洋生态环境保护的投入，积极推进海域、海岛、海岸带整治修复、增殖放流、伏季休渔、陆源污染物监控等工作，加强海洋生态环境整治和修复。全省先后设立了海洋保护区21个（其中国家级保护区4个），保护范围涉及红树林、珊瑚礁、典型海岸带湿地、渔业资源及濒危物种等。三亚、三沙成为海南省首批国家级海洋生态文明建设示范区。

（4）海洋基础设施不断完善，公共服务体系初步建立。海洋港口体系建设不断加强，形成了北有海口港、南有三亚港、西有洋浦港和八所港、东有清澜港的"四方五港"格局。初步形成了以中心渔港为中心、一级渔港为骨干、二三级渔港为补充的渔港体系。加强了公路、铁路、通道与机场的对接，构建了海陆相连、空地一体、衔接良好的立体交通网路，全面提升了港口枢纽纵深辐射功能。建立了海洋生态监视监测、海洋环境观测预报网络和海上搜救体系，加强功能区环境监测及赤潮等重大海洋污损事件监测预报工作。

（5）提升海洋科技能力，提高海洋管控能力。组建海南省海洋与渔业科学院。引进了中国科学院深海研究中心。积极推进农业部南繁苗种基地建设。组建热带海洋学院。加快建设国家海洋局海南陵水卫星接收站。建立陆海统筹机制，设立海洋发展暨海岸带管理领导小组，稳步推进海口海监渔政综合服务基地、琼海海监维权执法基地、4 艘千吨级执法船及 170 艘南沙生产渔船建设，初步实现南海巡航执法行动常态化，南海常态化管控、联合执法机制有效建立。

第二节　下一步重点工作

（1）大力发展海洋经济，形成新的经济增长点。主要通过十大海洋产业带动海洋经济发展，坚持项目带动，加快海洋渔业转型升级，统筹发展海洋旅游，深入开发休闲渔业、滨海度假等旅游新业态，加快构建多元化海洋旅游产品体系。有序推进三沙旅游，保持西沙邮轮旅游常态化，积极推进开通环南海邮轮旅游航线。有序发展海洋油气业。扶持发展海洋生物医药、海水淡化等海洋新兴产业，促进临港产业加速发展。集聚发展港口运输、海洋文化等海洋服务业态，建设崖州、铺前、白马井等一批渔业风情小镇和美丽渔村。

（2）完善海洋生态环境和资源保护机制。一是修编《海南省海洋环境保护规划》，严守海洋生态保护底线。二是改革海洋环保行政审批制度，增强市县海洋环境保护责任。三是推进三沙总体规划实施，保护岛礁生态环境。四是实施海洋生物资源养护增殖工程。

（3）加快海洋渔业的优化升级。一是实施南沙骨干渔船更新改造，压小造大，以骨干船带动社会渔船到南海生产，促进产业升级。压缩近海捕捞，扩大外海捕捞，扶持南沙捕捞，鼓励远洋捕捞。二是鼓励湾内养殖向近海乃至外海发展，拓展水产养殖发展空间，减轻近岸环境压力。三是推进水产品加工基地建设，建设一批高规格冷库，组建水产品物流网络及现代冷链物流交易市场。四是实施水产苗种产业行动计划。五是打造渔业风情小镇和美丽渔村。

（4）强力推进基础设施和公共服务能力建设。一是加快渔业基础设施建设和产业配套延伸发展，重点推进文昌铺前中心渔港、乐东莺歌海一级渔港建设，改扩建三亚崖州中心渔港、文昌清澜一级渔港、儋州白马井中心渔港。二是完善全省海域、海岛动态监视监测管理系统建设，实时掌控全省海洋资源开发利用情况。

（5）加快科技兴海步伐，重视海洋文化。加强海洋科技研发及能力建设，积极引进国际海洋组织和国内海洋研究机构落户入驻，争创全国海洋科技合作区，加大海洋科技人才培养和引进力度，支持海洋产业重大关键共性技术开发和成果转化应用，增强科技进步对海洋经济发展的促进作用。把海洋知识进学校、进课堂、进课本的"海洋知识三进"工作列入教学计划，让全社会都增强海洋意识。

附表

附表1　2015年全国人大及国务院发布的涉海法律法规及政策规划

政策/规划	发布机构	发布时间
《国务院关于改进口岸工作支持外贸发展的若干意见》	国务院	2015-04-01
《国务院关于印发水污染防治行动计划的通知》	国务院	2015-04-02
《中共中央 国务院关于加快推进生态文明建设的意见》	中共中央、国务院	2015-04-25
《中国制造2025》	国务院	2015-05-08
《国务院关于推进国际产能和装备制造合作的指导意见》	国务院	2015-05-13
《全国海洋主体功能区规划》	国务院	2015-08-01
《国务院办公厅关于进一步促进旅游投资和消费的若干意见》	国务院办公厅	2015-08-04
《国务院办公厅关于加快融资租赁业发展的指导意见》	国务院办公厅	2015-08-31
《国务院关于加快实施自由贸易区战略的若干意见》	国务院	2015-12-06
《国家标准化体系建设发展规划（2016—2020年）》	国务院办公厅	2015-12-17

附表 2　2015 年国务院有关部门发布的促进海洋经济发展的相关政策规划

海洋产业	政策/规划	发布部门	发布时间
海洋渔业	《关于开展休闲渔业创建活动的通知》	农业部	2015-05-05
	《关于调整国内渔业捕捞和养殖业油价补贴政策 促进渔业持续健康发展的通知》	财政部、农业部	2015-06-25
	《渔业船舶法定检验规则（远洋渔船2015）》	农业部渔业船舶检验局	2015-07-08
海洋可再生能源产业	《关于改善电力运行 调节促进清洁能源多发满发的指导意见》	国家发展改革委、国家能源局	2015-03-20
海洋船舶工业	《船舶能效规则港口国监督检查（PSC）导则》	交通运输部海事局	2015-05-26
	《船舶与港口污染防治专项行动实施方案（2015—2020年）》	交通运输部	2015-08-27
海洋工程装备制造业	《关于开展首台（套）重大技术装备保险补偿机制试点工作的通知》	财政部、工业和信息化部、保监会	2015-02-02
	《中国保监会关于开展首台（套）重大技术装备保险试点工作的指导意见》	保监会	2015-02-02
	《首台（套）重大技术装备推广应用指导目录（2015年版）》	工业和信息化部	2015-02-02
	《首台（套）重大技术装备推广应用指导目录（2015年第二版）》	工业和信息化部	2015-10-29
海洋交通运输业	《全国沿海邮轮港口布局规划方案》	交通运输部	2015-04-28
其他	《支持天津建设海洋强市的若干意见》	国家海洋局	2015-02-17
	《推动共建丝绸之路经济带和21世纪海上丝绸之路的愿景与行动》	国家发展改革委、外交部、商务部	2015-03-28

附表 3　2015 年沿海地区发布的促进海洋经济发展的相关法律法规与政策规划

地区	政策/规划	发布部门	发布时间
辽宁	《辽宁省人民政府关于促进海运业健康发展的实施意见》	辽宁省人民政府	2015-04-11
	《辽宁省人民政府关于印发辽宁省壮大战略性新兴产业实施方案的通知》	辽宁省人民政府	2015-07-28
	《辽宁省人民政府关于印发辽宁省科技创新驱动发展实施方案的通知》	辽宁省人民政府	2015-08-03
	《辽宁省渔业管理条例》	辽宁人大常委会	2015-11-27
	《辽宁省人民政府关于促进沿海地区重点产业与环境保护协调发展的通知》	辽宁省人民政府	2015-12-22
河北	《河北省人民政府关于促进旅游业改革发展的实施意见》	河北省人民政府	2015-04-30
	《河北省人民政府关于促进海运业健康发展的实施意见》	河北省人民政府	2015-05-29
天津	《天津市海洋生物医药产业发展专项规划（2015—2020 年）》	天津市海洋局	2015-06-23
	《天津市海洋工程装备产业发展专项规划（2015—2020 年）》	天津市海洋局	2015-06-23
	《天津市海水资源综合利用循环经济发展专项规划（2015—2020 年）》	天津市海洋局	2015-06-23
	《天津市海洋服务业发展专项规划（2015—2020 年）》	天津市海洋局	2015-06-23

地区	政策/规划	发布部门	发布时间
山东	《关于金融支持西海岸新区发展的意见》	中国人民银行青岛市中心支行、青岛西海岸新区管委	2015-04-17
	《青岛市海洋+发展规划（2015—2020年）》	青岛市委、市政府	2015-10-30
浙江	《宁波市委、市政府关于推进文化产业加快发展的若干意见》	宁波市委、市政府	2015-05-26
	《宁波市文化产业发展三年行动计划（2015—2017年）》	宁波市委、市政府	2015-05-26
	《海洋渔业资源重点保护品种可捕规格及幼鱼比例制度》	浙江省质量技术监督局	2015-10-01
上海	《上海港船舶污染防治办法》	上海市政府	2015-04-02
	《上海市政府办公厅印发本市贯彻<国务院关于促进旅游业改革发展的若干意见>行动计划（2015—2017年）的通知》	上海市人民政府办公厅	2015-02-09
	《关于上海加快发展海洋事业的行动方案（2015—2020年）》	上海市发展改革委、上海市海洋局	2015-10-12
福建	《关于加快推进厦门邮轮母港建设的若干意见》	福建省政府办公厅	2015-07-01
	《福建省人民政府关于进一步加快远洋渔业发展五条措施的通知》	福建省人民政府	2015-05-18
海南	《关于调整部分资源税税率及开征海砂资源税的通知》	海南省政府办公厅	2015-08-01

附表4 沿海地区"十二五"期间海洋经济年均增速及 2015 年海洋产业结构

地区	"十二五"期间海洋生产总值年均增速（现价）	2015 年海洋第一产业比重	2015 年海洋第二产业比重	2015 年海洋第三产业比重
辽宁	9.20%	9.9	34.6	55.5
河北	12.30%	3.7	45.7	50.6
天津	10.80%	0.3	58.1	41.6
山东	11.40%	6.8	44.5	48.7
江苏	11.40%	5.8	50.9	43.4
上海	5.20%	0.1	35.3	64.6
浙江	8.30%	7.7	36.0	56.3
福建	13.10%	7.6	38.5	53.9
广东	10.70%	1.5	43.5	55.0
广西	14.80%	16.9	36.2	46.9
海南	12.50%	23.9	20.0	56.1